學茶入門

刘勤晋　周才琼　叶国盛◎著

中国农业出版社

北京

刘勤晋

1939年生，四川成都人，教授、博士研究生导师。西南大学食品学院创院院长、茶叶研究所所长。2009年退休，现任重庆古树茶研究院名誉院长。从事茶学高等教育科研50余年。主要研究方向为制茶学与茶文化学，培养博士研究生10人、硕士研究生50余人、本专科生1 000余人，主参编《中国农业百科全书·茶业卷》《制茶学》《茶叶加工学》《茶文化学》《茶学概论》《茶叶市场贸易学》《软饮料加工》《茶经导读》等高校教材及《中国茶叶大辞典》《中国茶经》《世界茶文化大全》等工具书，著有《溪谷留香：武夷岩茶香从何来》《普洱茶的科学》《名优茶加工》等专著。在SCI及国内外学术刊物上发表论文100多篇。享受国务院特殊津贴，先后被评为农业部有突出贡献中青年专家、全国农业先进个人、全国先进科技工作者、重庆市首届茶学学科带头人，近年又获杰出中华茶人终身成就奖、优秀中华茶教师终身成就奖、吴觉农勋章奖等殊荣。

1964年生，贵州湄潭人，工学博士，西南大学食品科学学院教授。从事食品营养化学和茶叶功能化学的教学与科研工作30余年，主持和参加了多项重大茶及食品科研项目，发表相关论文90余篇。主编《食品营养学》《功能性食品学》，参编《茶叶化学工程》等教材，多次被评为校优秀教师。现为重庆市营养学会常务理事。

周才琼

1987年生，福建尤溪人，武夷学院茶与食品学院讲师，中国国际茶文化研究会学术委员，主要从事中国古典文献学与茶文化的教学与研究。主持福建省社科规划等各级项目9项，点校出版《武夷茶文献辑校》、《崇安县志》（合作）等古籍，出版《中国古代茶文学作品选读》、《茶经导读》（合编）等教材。

叶国盛

格物致知　一叶入魂

2007年春天，我六十八岁，即将从教学岗位上退下来。这时，两位台湾知名茶友蔡荣章、阮逸明先生代表天福茶业集团邀我参与创办福建天福茶学院。据说学校要想得到核准，必须有熟悉茶学专业的内地专家做校长。当时台湾海峡两岸关系进入和平发展期，"天福茗茶"已在大陆开设了10余家直营连锁店，反响不错。地处漳浦的天福茶学院得到福建省有关部门大力支持。经过现场考察及与集团领导交流，得知主办方有把这所职业院校办成"茶业界的黄埔军校"之意。彼时，我国茶区高校约十几所设立有茶学学科，但招生规模不大，且多为教学科研型，应用技术型职业高校刚刚起步。我征求了多位同行专家意见，经过缜密思考以后，同意退休后赴任。随后，便紧锣密鼓展开了规划制订、师资选聘、团队组织、招生准备等工作。此间，我对办学宗旨进行梳理时，想起《礼记·大学》中的一段话：

古之欲明明德于天下者，先治其国；欲治其国者，先齐其家；欲齐其家者，先修其身；欲修其身者，先正其心；欲正其心者，先诚其意；欲诚其意者，先致其知，致知在格物。物格而后知至，知至而后意诚，意诚而后心正，心正而后身修，身修而后家齐，家齐而后国治，国治而后天下平。

　　鉴于在农业高校从教五十余年的经验，培养学生热爱专业、勤于钻研是我的执念。学茶亦如此。于是我提出"格物致知，一叶入魂"，作为学茶之人应遵循的理念与精神，也成为天福茶学院的首部"校训"。

　　记得还是1978年冬天，农林部科技教育司和农业出版社在湖南长沙召开了恢复高考招生后首次"高等农林院校教材编写会议"，茶学学科的大咖王泽农、陈椽、庄晚芳、张堂恒、吕允福、陈兴琰、阮宇成等出席了会议。会议决定成立"高校茶学专业教材编写组"，重新编写一套适应新时期需要的茶学教材。初出茅庐、不谙世事的我，随恩师吕允福教授前往参会，并被编入陈椽教授领导的"制茶学教材小组"，协助陈老先生工作。这是我从教生涯的一个新起点，因为此次会议内容丰富，会后还有大量参观考察，让我受益匪浅。从此奠定了我近半个世纪忠诚茶学教育事业的思想基础和理论联系实际的治学态度。

　　我所受教的茶学先辈们，都是在吴觉农先生指导下，经历了从苦难的中国到社会主义中国的第一批现代茶叶科学家，他们挚爱国家，热心茶学教育事业，经验丰富，治学严谨，关心青年一辈，热切关注我国茶学教育之振兴。他们之间亦有学术观点争议，例如在那次会议上，关于"茶树起源""茶叶发酵实质""红茶与乌龙茶孰先孰后"的问题就争得热火朝天。回忆起来，这些争议虽然今天大多已经得到实验验证和学界共识，但茶学界学术的争鸣之风应永留人间。

　　随着我国高等茶学专业蓬勃发展，其办学规模、师资装备、人才培养方式及社会实践条件都大大改善。几十年来，大批现代茶学人才活跃在茶叶生产、加工、贸易及科教战线上，为我国茶产业现代化作出贡献。我亦从青年到白头，见证了我国茶叶科教现代化的全过程。

在近年多次茶叙中，许多基层茶友建议我把自己从事的茶史研究、制茶科研和品饮文化的经验与体会，以更通俗的文字介绍给全国更多的爱茶新人，从而温故知新，沿着以吴觉农先生所开创的现代茶学道路砥砺奋进！恭敬不如从命，我决心把茶树种质资源利用、制茶关键技术、茶之鉴评与品饮艺术以及茶马古道文化等较有特色的茶学研究成果奉献给广大读者。

编写开始时，考虑使本书兼顾科学性与实用性，通俗好读，我特邀具有深厚茶学背景的西南大学食品科学学院周才琼教授，武夷学院茶与食品学院讲师、南京师范大学文学院在读博士叶国盛老师共同完成此书的编写。本书出版还得到中国农业出版社穆祥桐编审和孙鸣凤编辑的大力支持与帮助。

本书内容多取材于本人数十年茶学教育及科学研究实践：从巴蜀茶区到江南大地，从滇川藏"茶马古道"到八闽诸茶山，加之五十年课堂教学和培养研究生实践，四十余载不眠的制茶及茶化学科研，我深感茶叶这片小小树叶之内涵丰厚，涉及学术层面宽阔无边。如何用精辟之图文使广大爱茶人易于理解，确非易事。但作为引玉之砖，我们还是大胆地抛出，将此书奉献给广大读者，希予批评指正。

刘勤晋

辛丑年冬至于北碚晋园

目 录

CONTENTS

代序　格物致知　一叶入魂

第一章 / 茶的起源与植物形态

陆羽《茶经》曰：『茶者，南方之嘉木也。一尺、二尺乃至数十尺。其巴山峡川，有两人合抱者，伐而掇之。其树如瓜芦，叶如栀子，花如白蔷薇，实如栟榈，茎如丁香，根如胡桃。』

第一节

茶树起源与茶名变迁

传说地球有生命已有数亿年历史，但山茶科（Theaceae）山茶属（*Camellia*）茶组植物起源于何时，却有不同说法。

山茶科植物分布在北纬25°—32°的亚洲大陆中心地带，以中国滇、黔、川、渝等省（市）为核心，自第四纪（约100万年前）冰河时期以来，北半球遭受冰川袭击，许多大型动物和植物濒临绝灭（如恐龙），而中国西南地区由于地形切割十分严重，山谷溪壑纵横，因此冰川侵袭损害较轻，自然界大量孑遗植物，包括山茶科植物幸运地存续下来。重庆金佛山，据我国著名地质学家李四光（1889—1971）实地考察，发现大量第四纪冰川侵袭擦痕。在冰川经过的沟壑里，至今仍生长着银杉、桫椤和古茶树等高等孑遗植物，金佛山因此成为我国拥有近万种动植物标本的基因库，其南坡尚种有千亩以上的古茶树。

茶类植物究竟何时被古代巴人发现，仍无法考证。但从巴蜀地区人类活动历史轨迹可知，在约4 000年前的新石器时期（即夏商以前）的西南地区，已有被称为"三苗九黎"的古濮人的活动。四川广汉"三星堆"就是古巴蜀人的祭祀遗址，古蜀的鱼凫、蚕丛就是部落首领的名字。相关资料生动证明，古巴蜀长江三峡一带是最早发现茶并利用茶的地区之一。

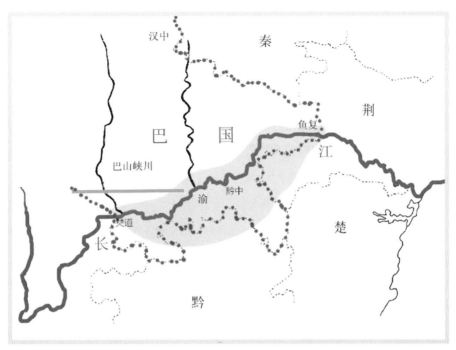

巴山峡川——人工种茶起源地

重庆南川金佛山大茶树

云南勐海巴达大茶树

一、茶树起源于中国西南

1. 从"神农尝百草"讲起

神农氏（前3000年以前），别名姜，炎帝。在我国是一个被神化了的人物形象，在上古的夏商时期广为传颂。他不仅是茶的利用第一人，也是农业、医药和其他许多事物的发明者。但他并非真实存在的人。《庄子·盗跖篇》称："神农之世，卧则居居，起则于于，民知其母，不知其父。"如今，在重庆与湖北接壤的武陵山区，当地土家族还流传着武落钟离山廪君与八大王的故事。据著名农史专家陈祖槼、朱自振考证：神农原是生活在川东、鄂西（武陵山区）被称为"三苗""九黎"的氏族或部落；南朝宋盛弘之《荆州记》载，"随县北界有随山，山有一穴，云是神农所生处"，讲的就是这个流传西南地区几千年的故事。关于炎帝的传说，国内有多种版本，"神农尝百草，日遇七十二毒，得茶而解之"，仅仅是其中一种说法而已。陆羽《茶经》也说："茶之为饮，发乎神农氏，闻于鲁周公。"

2. 茶树起源的世界之争

19世纪前，茶树原产于中国已为科学界所公认。然而，自英国军人普鲁士1824年在印度阿萨姆发现了野生大茶树以后，"茶树原产地"成为国际植物学界和茶学界研究的热点，很多人对此提出了不同的观点。

英国、俄国、法国、中国、日本等国的科学家，经过全面、系统研究后认为：中国西南地区是茶树的原产地。1935年，加尔各答植物园主管、丹麦植物学家纳撒尼尔·沃利克（Nathaniel Wallich）和英国植物学家威廉·格里菲斯（William Griffith）断定，普鲁士发现的野生大茶树与从中国传入印度的茶树同属中国变种。1960年，苏联学者K.M.杰姆哈捷（K.M.ДжеМхаТе）在《论野生茶树的进化因素》中提出，中国是茶树的原产地。1988年，日本学者桥本实在《茶的起源探索》（日本淡交社出版）一书中亦表达了相同的观点。

3. 中国西南地区是茶树近缘植物分布中心

目前世界上山茶科植物有23属380余种，我国有15属260余种。著名植物学家张宏达（1914—2016）在1998年将山茶属分为20个组280种，其中中国有分布的为238种，分属于18个组，主要分布在中国西南地区的滇、川、黔、渝等省份。

4. 古地质学、古气候学论证中国西南地区是茶树原产地

古地质学认为，2亿年以前，地球板块漂移，造成地壳分裂，欧亚板块遭遇冰川袭击。茶树在冰川时期以前已从山茶属中分化出来，当时喜马拉雅山脉还沉于海底，所以，茶树不可能起源于印度北部。当地球进入第三纪末至第四纪初时，全球气候骤冷，进入冰川时期，大部分亚热带作物被冻死，而中国西南地区山谷切割很厉害，受冰川影响较小，部分茶树得以存活下来，如今，中国云南、贵州、四川、重庆成为世界茶树原产地中心。

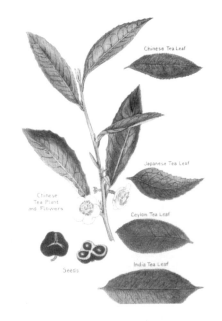

茶树品种比较
（1900年英国邮政明信片，刘波　供图）

二、茶名变迁

茶，由于历史、产地、销路加之历代文人墨客的"加持"，其命名、发音、书写均有诸多变迁。唐代陆羽在《茶经》中写道："其字，或从草，或从木，或草木并。""其名，一

山茶科分类专家张宏达教授

曰茶，二曰槚，三曰蔎，四曰茗，五曰荈。"后又有皋芦、瓜芦、晚甘侯、瑞草魁等别称。现介绍如下：

茶（音tú）"茶"字最早出现于《诗经》。古文中"茶"字的含义较多，有的指野菜，有的指茅草的白花、杂草等，也有的指茶，一字多义。人们普遍认为，"茶"字是"茶"字的前身，汉代开始借用"茶"字指茶，源于蜀地方言。用"茶"字指茶，在古文献中很常见。

我国历史上第一部通释语义的训诂学专著《尔雅·释木篇》中有"槚，苦茶"，晋代郭璞（276—324）注为"树小似栀子，冬生叶，可煮作羹饮。今呼早采者为茶，晚取者为茗，一名荈。蜀人名之苦茶。"

"槚"（音jiǎ）字代表茶，始见于《尔雅》："槚，苦茶。"之后在陆羽《茶经》中有记载。"槚"本指高大的乔木型茶树。据考证，长沙马王堆一号墓和三号墓（前168年）的随葬清册中都有"槚"字的异体字"檟"，说明在前2世纪以前"槚"字已普遍使用。

"荈"（音chuǎn），古"茶"字，专指茶。采摘后期的老茶叶。魏晋南北朝《魏王花木志》载："茶，……其老叶谓之荈。"明代陈继儒《枕谭》记曰："茶树初采为茶，老为茗，再老为荈。"荈，自汉代至南北朝时期用得较多，一般与茶、茗等字并用。西晋孙楚《出歌》记有"姜、桂、荼荈出巴蜀"；杜育《荈赋》记其可"调神和内，倦解慵除"。

"茗"（音míng）字出现得比"茶""槚""荈"迟，比"茶"字早，最早见于三国吴陆玑《毛诗草木疏》："蜀人作茶，吴人作茗。"汉代以后用得较多，尤其自唐以后，在诗词、书画中最为多见。现今，"茗"仍用作茶的别名。

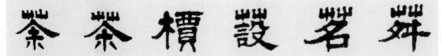

"茶"之名

"蔎"（音shè），扬雄称"蜀西南人谓茶曰蔎"。古书中用"蔎"代表茶的情况较少见。

史料表明：茶从"荼"演变成"茶"，始于汉代。由汉代《汉印韵合编》可以发现，在"荼"字字形中有"茶"字的书写法，这显然已向"茶"字字形演变了，但还没有"茶"的字音。由"荼"字音读成"茶"字音，始见于《汉书·地理志》记载的荼陵，唐颜师古注此地的"荼"字读音为："音弋奢反，又音丈加反。"南宋魏了翁认为"茶"字的确立，"惟自陆羽《茶经》、卢仝《茶歌》、赵赞'茶禁'以后，则遂易荼为茶"。陆羽《茶经》："从草当作茶，其字出《开元文字音义》。"《开元文字音义》为唐玄宗御撰的一部字书，成书于735年，现已失传。到9世纪后，"茶"字才被普遍使用。

我国幅员辽阔，不同地区称"茶"的发音区别很大。如华北地区的发音为"chà"，福建、广东人的发音为"té""tī""těi"，长江流域的发音为"chá""zhá"等。海外各国对茶的称呼，也直接或间接地受我国各地对茶的称呼的影响，在发音上基本可分为两大类。在经由海路传来茶叶的西欧地区，茶的发音近似于我国福建闽南近海地区的"táy"音，如英文tea、法文the、德文thee、西班牙文te等；在经由陆路自中国向北、向西传播茶叶的国家，茶的发音为"chá"，如日文cha、俄文uaйc（chai）、波斯文（伊朗、阿富汗）为chay。

第二节

茶树形态与植物学

一、植物学分类地位

根据现代植物分类体系，按界、门、纲、目、科、属、种，茶树属多年生常绿木本植物，其分类地位如下：

界　植物界（Botania）

门　被子植物门（Angiospermae）

纲　双子叶植物纲（Dicotyledoneae）

目　山茶目（Theales）

科　山茶科（Theceae）

属　山茶属（*Camellia*）

种　茶（*Camellia sinensis*）（L.）O.Kuntze

二、茶树植物形态特征

1. 根

种子繁殖的茶树是主根明显的深根系植物。

茶树的根系为轴状根系，主根发育
旺盛，其长度和粗度大于侧根。随着茶
树树龄的增长，茶树各类根的生长状况、
新生根的发生部位等均会发生变化。幼
龄阶段呈现为主根明显；直立成年阶段
侧根生长加速，粗度、长度接近主根；
衰老阶段，或因土壤环境恶化，粗壮骨
干根先端衰退，呈现为丛生根系，在土
壤的营养吸收面最广，相应产量也较高。
栽培过程中，应尽量促进直根系向分支
根系转化，一旦出现丛生根系，可运用
改造手段使其回复到分支根系的状态。

茶叶一身都是宝
（1887年绘，图引自〔美〕梅维恒、
〔瑞典〕郝也麟《茶的真实历史》）

无性系茶树的根系，初期与实生苗不
同，细根较多而看不到主根，但随着树龄
的增长，细根生长加速，表现出类似直根
系的形态。整个根系由主根、侧根、细根和根毛组成，并与土壤中的酸性
细菌共生，形成利于吸收的菌根。吸收根一般分布在地表下5～45厘米。

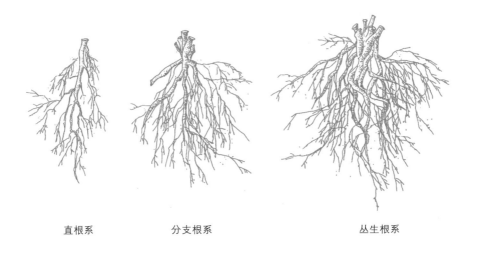

直根系　　　　　　分支根系　　　　　　　　丛生根系

茶树根系类型

2. 茎

根据茶树地上部的整株形态，有乔木型、小乔木型和灌木型三种树型。

乔木型　植株高大，分枝部位高，主干和主轴明显，属茶树中较原始的类型。如云南省勐库大叶种、凤庆大叶种和重庆南川大树茶等。

小乔木型　植株中等高度，分枝部位较低，主轴不太明显，但主干明显，大多数南方类型茶树属此列。如凤凰水仙、福鼎大白茶、凌云白毛茶和江华苦茶等。

灌木型　树体矮小，主干和主轴均不明显，属中、小叶种茶树。如贵州苔茶、四川中小叶种、鸠坑种和祁门种等。

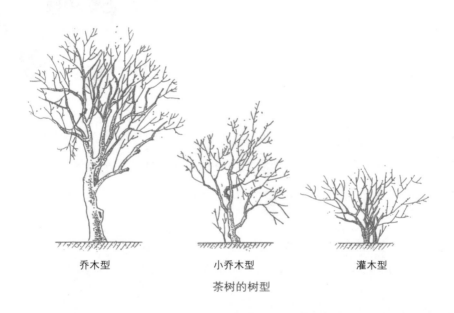

乔木型　　　　　小乔木型　　　　　灌木型

茶树的树型

由于分枝角度不同，茶树树冠呈现出不同的姿态，有直立状、披张状和半披张（半直立）状三种。

直立状　分枝角度小（<30°），枝条向上紧贴，近似直立。如政和大白茶、南川大树茶和梅占等。

半披张状　或称半直立状，分枝角度介于30°～45°。如槠叶齐、蜀永一号和福鼎大白茶等。

披张状　分枝角度大（>45°），枝条向四周披张伸出。如雪梨、软枝乌龙和大蓬茶等。

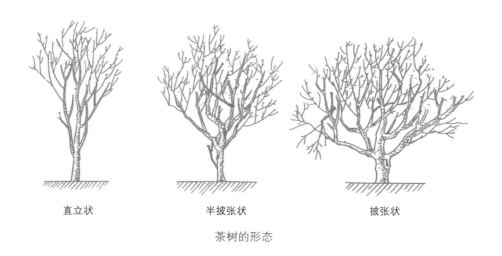

| 直立状 | 半披张状 | 披张状 |

茶树的形态

3. 新梢

未木质化的嫩枝称为新梢。茶树新梢由嫩茎、叶、芽三部分组成。各类茶均以相应嫩度的新梢为采制原料，正在伸长展叶的新梢称未成熟梢，停止展叶的新梢称成熟梢。成熟梢被采下后，生产上通常称"对夹叶"，其轻重、大小、形状、色泽及着生密度等均会直接或间接地影响茶叶的产量与品质。

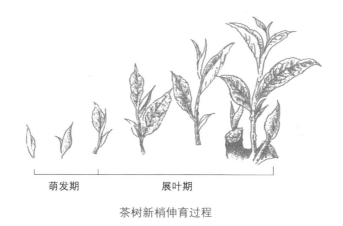

| 萌发期 | 展叶期 |

茶树新梢伸育过程

茶树新梢是由顶部叶片叶腋间营养芽伸育而成。冬季树冠营养芽呈休眠状态；当春季气温回升到10℃以上时，营养芽便开始萌动。呼吸作用加强，水分增加，淀粉大量水解。老叶和茎梗贮藏的物质向生长点转运。随着气温升高，水分不断增加，芽开始膨胀，鳞片脱落，叶面积扩大，芽叶重量增加。当达到4～7片真叶后，芽由肥壮变为空心芽并最终形成"驻芽"，顶芽停止生长。

新梢的长短、粗细、展叶数、芽头和嫩叶背部茸毛数量、色泽等，皆因品种和栽培条件而异。

4.鲜叶（茶青）

鲜叶是茶叶品质的物质基础。各类茶叶品质特征差异很大，对鲜叶要求亦不一样。质量较高的鲜叶通常有较高的嫩度、新鲜度、匀度和净度。鲜叶验收，多以新梢伸育的成熟度——嫩度作标准。嫩度愈高，制茶品质愈好，但产量有限。制定鲜叶采摘标准时，既要根据不同茶类生产要求、市场供应等客观指标，又要兼顾产量和品质。

茶树叶片在形态上可分为3类，即鳞片、鱼叶和真叶。鳞片和鱼叶均系分化发育不完全的叶。鳞片硬而细小，一般长0.5～1.0厘米，呈匙状，着生在枝条的最下端。在茶芽萌发前，鳞片对芽头起保护作用，随着芽的萌动而逐渐张开，并随着枝条的继续伸长而脱落。冬芽外包有3～5个鳞片，夏芽一般缺鳞片。鱼叶因形似鱼鳞而得名。它发育不完全，叶色淡，叶柄短扁，叶缘一般无锯齿或前端略有锯齿，侧脉不明显，为鳞片到真叶的过渡类型。鱼叶也能进行光合作用，但强度不及真叶。真叶属发育完全的叶，在展开之初背面缀生茸毛，叶色随着叶龄的增大而逐渐加深，即由浅黄、浅绿变成深绿，乃至暗绿。真叶由叶柄和叶片两部分组成。叶柄长4～6毫米，呈半圆柱状，有时上方微具纵向浅沟。叶片边缘具深浅稀密不一的锯齿，一般16～32对。

叶片的大小因类型、品种、着生部位、栽培环境和栽培技术而异，分为大叶种、中叶种和小叶种三种类型。

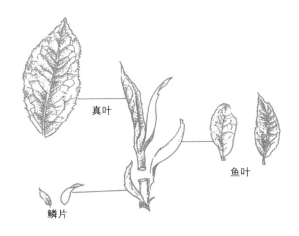

茶树叶片的形态

5.茶花

茶树为花果繁茂的木本植物,花芽与叶芽共生于叶腋间。轴短而簇生1~5朵花蕾,着生形式有单生、对生及丛生等。茶花为两性花,由花柄、花萼、花冠、雄蕊和雌蕊组成。

花柄 花柄长5~19毫米,基部有2~3个鳞片,花蕾长成后便脱落。

花萼 花萼由5~7个萼片组成,萼片近圆形,绿色。茶花受精后,

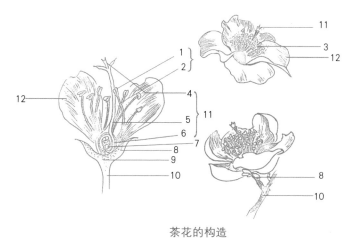

茶花的构造

1.花药 2.花丝 3.雄蕊 4.柱头 5.花柱 6.子房
7.胚珠 8.花萼 9.花托 10.花柄 11.雌蕊 12.花瓣

萼片向内闭合，直至果实成熟也不脱落。

花冠　花冠由5～9个大小不一的花瓣组成。花瓣白色，少数呈粉红色，圆形或卵圆形。花冠上部分离，下部联合并与外轮雄蕊合生，花谢时随雄蕊一起脱落，花冠大小依品种而异，直径25～50毫米不等。

雄蕊　每朵花有200～300枚雄蕊。每个雄蕊由花丝和花药构成，为合生雄蕊。花丝排列成若干圈。花药呈"T"字形，有4个花粉囊，内含无数花粉粒。

雌蕊　雌蕊由子房、花柱和柱头三部分组成。子房上位，子房外多数密生茸毛，裸露无毛的极少；内分3～5室，每室4个胚珠，为中轴胎座。花柱长3～17毫米。柱头光滑，3～5裂，开花时能分泌黏液。

6. 茶果

茶树果实为蒴果。未成熟时果皮为绿色，成熟后变为绿褐色。内含1～5粒种子。成熟果壳背裂，种子便散落地面。

茶树种子由种皮和种胚组成。种皮分为外种皮和内种皮。外种皮亦称种壳，成熟时坚硬而光滑，呈暗褐色，有光泽。外种皮由6～7层石细胞组成。内种皮与外种皮相连，由数层长方形细胞和一些输导组织形成，呈赤褐色，薄膜状，种仁干瘪时，内种皮随种仁萎缩而脱离外种皮，内种皮之内有一层白色半透明的内胚膜。

种胚由胚根、胚轴、胚芽和子叶四部分组成。子叶一般2枚，肥大，白色或嫩黄色，占据整个种子内腔。其余三部分夹于两片子叶的基部。子叶基部通过子叶柄与胚轴相连。茶籽一般直径12～15毫米，每粒茶籽重0.5～2.5克，平均约1克。茶籽的轻重、大小是鉴定茶籽质量和确定布种量的主要依据。

第三节

茶树生态与生长习性

自茶传布到世界各地，各国学者对茶树的分布、生长习性、遗传变异、亲缘关系等进行了大量的研究，证明茶树拥有相同的遗传基础和共同的祖先，其形态变异也具有连续性。遗传变异的结果，是形成了不同的茶树类型。中国西南地区茶树种质资源丰富，种内变异多，是世界上任何其他国家和地区都无法比拟的。

一、茶树对自然环境的要求

茶树植物与山茶科其他属种植物一样，其原始种群主要生活在亚洲大陆北纬25°～32°的高山峡谷之中。温暖湿润、多云雾、寡日照的气候和有机质丰富的酸性土壤，给茶树生长繁育创造了良好的条件。在人类生产活动的经营下，这种古老的孑遗树种得以克服大自然各种恶劣气候而存活下来，并且走出亚洲，走向全世界。

1. 光照

常言道："茶喜高山日阳之早。"茶树原产于中国西南云贵高原及其周边，其祖先长期生长在原始森林光照较弱、日照时间短的环境下，因而形

四川宜宾生态茶园

成了既需要阳光但又相对耐阴的习性。

　　茶树的光补偿点在1 000勒克斯以下，光饱和点为3.5万～5.5万勒克斯，在1 000～50 000勒克斯的范围内，茶树光合作用随光照度的增加而增加。据日本原田重雄、加纳照崇、酒井慎介1958年《日作纪》记载，茶树的光饱和点与茶树树龄有关，幼龄茶树的光饱和点大致为2.1焦耳／（厘米^2·分），成龄茶树为2.9～3.0焦耳／（厘米^2·分）。实践证明，在低纬度茶区（如印度阿萨姆、中国海南），适度遮阴可提高茶叶产量。

　　光照度不仅与茶树光合作用、茶叶产量有密切关系，而且对茶叶品质也有一定的影响。适当减弱光照，茶叶中全氮量、氨基酸、咖啡因明显提高，而茶多酚、还原糖相对减少，这有利于成茶收敛性的降低和鲜爽度的提高。光质，即太阳光的波长，对茶树也有一定影响。据研究，紫外线中波长较短部分对茶树芽叶的生长有抑制作用，较长部分对茶树芽叶的生长有某种刺激作用。

2. 温度

茶树不但有喜阳耐阴的特性，而且特别喜温暖湿润的环境。茶树生长极端气温因品种类型而异。大叶种抗寒性相对较弱，只能忍受−5℃左右的低温，中小叶种一般可忍受−10℃左右，在雪覆盖下甚至可忍受−15℃低温的侵袭。灌木型茶树一般比乔木型茶树耐寒。茶树能忍受的短时极端最高气温是45℃，但一般在月均温达30℃以上、日最高气温连续数日在35℃以上、降水又少的情况下，新梢会停止生长，出现冠面成叶灼伤焦变和嫩梢萎蔫等热害现象。因此，平均气温高于30℃对茶树生长不利。

春茶和夏茶的品质差别，主要是由于气温不同引起茶树物质代谢差异。春季气温相对较低，有利于含氮化合物的形成和积累，因此，春茶全氮量、氨基酸含量较高，但碳代谢强度小，糖类及茶多酚含量比所处环境气温较高的夏茶少些。茶叶的生产实践表明，日平均气温20℃左右、夜间10℃左右的条件下，生长的茶叶品质一般较好；当日平均气温超过20℃、中午气温在35℃以上时，茶叶品质下降。

3. 水分

茶树性喜湿润，适宜栽培茶树的地区年降水量以1 000毫米以上为宜，且至少有5个月的月降水量大于100毫米。降水量在茶树生长季节里分配的均匀程度，对茶树的正常生育和产量有很大的影响。降水量最多的时期，茶叶收获量也最多。

研究表明，我国四季雨区均分布在主要茶区，表明降水在一定程度上限制了茶树分布。空气湿度大时，一般新梢叶片大，节间长，叶片薄，产量较高，且新梢持嫩性强，叶质柔软，内含物丰富。在生长季，空气相对湿度80%～90%比较适宜新梢生长；空气相对湿度小于50%，新梢生长就会受到抑制；空气相对湿度小于40%对茶树有害。

4. 土壤

唐代陆羽《茶经》云："其地，上者生烂石，中者生砾壤，下者生黄土。"1942年，王泽农（1907—1999）在武夷山调查岩茶土壤时指出：品质最佳的岩茶主要产于九龙窠、慧苑坑等地的沙砾土、砾壤土、沙壤土之上。龙井茶品质与土壤质地的关系是：白沙土最佳，沙土、黄沙土次之，黄泥土最差。

茶树喜酸性土壤。就我国各地茶园土壤测定结果来看，pH4.0～6.5，而茶树生长最好的土壤pH为5.0～5.5。

有机质含量是茶园土壤熟化度和肥力的指标之一，高产优质茶园的土壤有机质要求达2.0%以上。同时，要求茶园土壤养分全氮0.12%、全磷0.10%、速效氮120毫克／千克、速效磷10毫克／千克、速效钾100毫克／千克、交换性镁0.002摩尔／千克。

浙江湖州罗岕地区茶园土壤

二、茶树生物学特性

从种子萌发（或扦插入土）到整株茶树衰老死亡，一般要经过数百年。从人工栽培来看，茶树的经济年龄以20～30年为佳。从茶树个体发育各时期的特性，可窥得茶树一生的发育过程。

1. 种子与发芽

种子期的绝大部分时间是在母株上度过的，即从当年9月或10月合子形成到翌年10月茶果成熟。这段时间新个体（种胚）完全靠母树提供营养。

种子成熟被采收后一直到种子萌发长出新苗，种胚的营养完全靠子叶提供。茶籽自成熟到萌发，虽处于相对休眠阶段，但其内部仍进行着激烈而复杂的生理过程。不论何种贮藏方法，随着时间的推移，茶籽内的干物质减少是相当快的。这种消耗是茶籽贮藏过程中呼吸作用及其他生理生化变化所致。显然，茶籽属短命种子，在室温条件下仅2个月后，茶籽发芽率降低近一半，这与其脂肪和水分含量较高、呼吸强度大等有关。

环境条件对茶籽发芽率的影响

环境条件	条件控制	发芽率（%）							
		3月	4月	5月	6月	7月	8月	10月	11月
室温条件	用沙箱藏于室内	100	60.71	53.57	30.95	1.20	0	0	
自然条件	贮藏于室外土窖中	100	76.19	77.38	27.38	9.52	0	0	
低温条件	用沙箱藏于冷库中（4～8℃）	100	100.0	97.62	91.67	57.14	32.14	5.95	2.38

2. 茶树幼苗期

茶树幼苗期是自茶籽萌发至幼苗出土后地上部分进入第一次生长休止的时期，长达4～5个月。

茶籽入土后，如环境适宜，便可发芽。一般要求土壤湿润，相对含水量达60%～70%，茶籽含水量50%～60%，温度10℃以上，土壤空气中含氧气量不低于2%，这样的条件维持15～20天，茶籽即可大量萌发。萌发先是子叶大量吸水膨胀，使种壳破裂；同时，胚的呼吸作用剧烈加强：内含物大量降解并向可溶物转化，一方面作为呼吸基质，另一方面作为新器官的发育材料。接着胚根生长，子叶柄伸长，幼芽伸出种壳。此时苗高5～10厘米，最高可达20厘米，根系平均长10～20厘米，最长达25厘米。

幼苗期的茶树可塑性强、抗性弱、种间差异不明显，甚至"重演"部分祖先性状，如比成龄茶树更耐阴等。

3. 茶树幼龄期

茶树幼龄期是自地上部第一次生长休止至第一次开花结实（或定型投产）为止的时期，长达3～4年。

茶树进入第一次生长休止时，已由子叶营养过渡到自养阶段。这一转变标志着茶树苗期生活的结束和幼年生活的开始，除了营养来源方式的转变，这一时期的茶树基本特点还有：主茎日益增高增粗，并随着时间的推移，以单轴式分出一定层次的侧枝，一般每年增加一层，向上生长远强于侧向生长。故主轴一直是明显的。为了增大横向生长，培养宽阔的采摘面，应不失时机地运用定型修剪、打顶养蓬或弯枝等栽培手段，促进单轴分枝向合轴分枝转化。

幼龄期茶树可塑性强，是培养、塑造树冠的关键时期。就营养方向来看，幼龄期为单纯营养生长时期，生殖生长尚未出现。

4.茶树成年期

茶树成年期是自第一次开花结实（或定型投产）至第一次更新改造为止的时期，长达20～30年。

成年期茶树生育最旺、代谢水平最高，产量和品质均处于最高峰阶段，是营养生长与生殖生长并存，后期生殖生长强于营养生长的时期。成年期茶树形态表现为：主要分枝方式以合轴分枝为主，少量从根颈部或下部主干上发出的徒长枝为单轴分枝式。在采摘条件下，"鸡爪"型分枝常有发生；在不加修剪或少修剪的条件下，分枝级数最终稳定在10～15级。

成年期是茶树各部分完全定型、种性充分表现的阶段，故茶树品种最终鉴定应以此期为准。

5.茶树衰老期

茶树衰老期是从第一次更新开始到整个茶树死亡为止的时期，这一时期的长短因管理水平、环境条件和品种类型而异，一般可达数十年，亦有百年以上者。但在栽培条件下，茶树的经济年龄大多为40～60年。

衰老期茶树的代谢水平总体已低于成年期，从营养方面看，营养生长下降，生殖生长加强。衰老期茶树形态表现为：树冠表面"鸡爪"型分枝普遍发生。新生芽叶极为瘦弱，对夹叶很多；个别骨干枝光秃或整个分枝系统衰退。枝条虽更新频繁，但多以向心方式进行；萌芽虽不少，但着叶不多；花虽多，但坐果率不高。地下部演替为明显的丛生根系，吸收根分布缩小。生机日趋衰退，即使加强培肥水平，也难以收到显著的增产效果。通过更新措施，可在一定程度上复壮生机、恢复树势。

茶树个体发育的不同年龄时期存在着不同质的矛盾或特点，如幼苗期营养方式的过渡、幼龄期单纯的营养生长、成年期营养生长与生殖生长的统一等。

三、茶树特异生长因子

由于长期自然杂合与人工选择，茶树生长习性有许多不同于一般木本植物之处，这种特异生长因子包括好荫喜睡、乐在雾中、酸菌共生、变异显著。

1. 好荫喜睡

"茶宜高山之阴，而喜日阳之早。"这句话概括了茶树对环境的要求，明确指出优质茶叶产于向阳山坡有树木荫蔽的生态环境。茶树起源于我国西南地区亚热带雨林中，在人工栽培以前，它和亚热带森林植物共生，并受高大树木荫蔽，在漫射光多的条件下生长发育，形成了耐阴的特性。因此，在有遮阴条件的地方生长的茶树鲜叶天然品质好、持嫩性强，是做名优茶的理想原料。如日本"茶道"专用的"抹茶"，均是遮阴栽培茶园采制的。我国海南、云南实行"胶茶间作""芒茶间作"的茶园鲜叶所采制的红茶品质明显高于未遮阴的茶园所采制的红茶。

耐阴的遗传特性还表现为茶树在中午光照最强时的"午睡"现象。即在一天中，随着早晨光照增强、气温上升，茶树光合作用强度不断提高，上午10点左右达到高峰，到中午12点左右，光照强度、气温虽然继续升高，但光合作用强度出现下降趋势；午后，光合强度复有回升，之后随光照减弱和气温下降，光合强度逐渐减弱。这种"午睡"现象是茶树特有的生理现象，是茶树系统发育过程中长期形成的生活节奏性。

2. 乐在雾中

自古以来，世界上所有好茶不但与名山大川相关，更与缥缈云雾结

浙江湖州茶园

斯里兰卡遮阴茶园

缘。明代陈襄有诗曰："雾芽吸尽香龙脂"，认为高山茶好是因为茶芽吸收了"龙脂"。近代科学研究表明，高山出好茶的主要原因在于茶树的遗传性——茶树起源于我国西南地区多雨潮湿的热带雨林中，在长期的进化中逐渐形成了喜温、喜湿、耐阴的生长习性。在我国茶区海拔800～1 200米的山地，云雾多、漫射光多、湿度高、昼夜温差大的气候条件，正好满足了茶树生长发育对环境条件的要求。如我国的金山红茶、凤庆红茶以及印度的大吉岭红茶都产于海拔1 000米以上的高山岭谷之中，成为世界名茶的佼佼者。

云雾有利茶树光合作用的改善。海拔较高的山地，由于地形及气候的影响，形成云雾聚集的良好条件。云雾像一个筛子，使不同波长的太阳光通过以后发生光质子改变——七种可见光中的紫光与紫外光得到加强，使芽叶中胡萝卜素、氨基酸充分吸收光量子而合成，有利于优质茶色泽、香气、滋味的形成。

此外，云雾缭绕缩短了光照时间、降低了光照强度，使芽叶中蛋白质、氨基酸含量明显增加，可提高芽叶持嫩性，改善鲜叶物理性质，利于塑造美观的茶叶外形。

高山低温有利芳香物质的积累。科学研究表明，环境温度对茶树酶活性强弱有重要影响。高海拔地区，气温较低，昼夜温差大，糖的代谢作用较弱，纤维素、半纤维素不易形成，有利于氨基酸、芳香油的积累。这些鲜叶化学成分在加工过程中发生复杂的变化，产生鲜花般的香韵。如苯乙醇形成玫瑰花香，沉香醇形成玉兰香，苯丙醇形成水仙花香，从而使不同地区高山茶产生不同的香韵。如我国祁门红茶有特殊的兰花香，川红工夫有橘子香，武夷岩茶有诱人的桂花香。

此外，高山森林植被保存完好，枯枝落叶有利于水源保持和有机质缓慢分解，从而给茶树生长发育提供了良好的肥力和水源，保证了优质茶芽叶生长的需要。

3. 酸菌共生

实践证明，茶树适宜在酸性土壤（pH4.0～6.5）生长，在pH低于4的强酸性土壤或高于6.5的中性土壤中，则生长不良、产量不高，甚至不能生长。这是因为茶树根部有大量的柠檬酸、苹果酸、草酸及琥珀酸等，缓冲力偏酸性的有机酸，遇到酸性的生长环境，细胞液不会因酸的侵入而受到破坏。反之，茶树根系中缺少中性或碱性的缓冲盐——磷酸盐，100克根中仅含25毫克的五氧化二磷，比一般植物低，对中性和碱性的缓冲力较小，故不适宜生长在中性或碱性土壤里。因此茶树根系周围土壤中聚集着大量酸性细菌，形成细菌与茶树根系的共生体。

4. 品种众多

由于异花授粉特性，茶树种内变异显著，其F_1代杂种变异，有性后代品质关系密切。好的茶树品种，不仅产量高，而且茶叶品质优。即使在栽培条件和肥培管理水平相对一般的条件下，好的茶树品种也比一般品种增产20%～30%，如浙江省杭州茶叶试验场品种对比试验结果表明，福鼎大白茶比鸠坑种增产56.7%；中国农业科学院茶叶研究所培育的龙井43号，比龙井群体品种增产30%左右。龙井43号由于发芽早、发芽整齐，制成的龙井茶外形挺秀、匀齐，香高持久，滋味鲜醇，汤色清澈，较好地保持了西湖龙井的品质特征，售价通常可比龙井群体品种所制西湖龙井茶高20%以上。四川"早白尖"品种，发芽早，生长势旺，白毫显露；其做成的"天府龙芽"三月上旬即可上市，由于具有"抢新早"的优势，是国际名茶市场的抢手货。

我国茶树良种选育工作取得显著成绩，全国茶树良种审（认、鉴）定委员会分别于1985年、1987年、1994年、1998年、2002年、2005年、2010年审（认、鉴）定通过了123个品种，其中有性系品种17个、无性系品种106个。截至2015年，已鉴定国家良种134个（其中无性系品种117个）、省级茶树良种200余个。截至2018年底，获得国家级植物新品种数的茶树良种有40余个。

红茶品种"紫嫣"（唐茜　图）

川茶黄金芽早茶品种（唐茜　图）

第四节

茶叶采摘与科学管理

　　茶树幼嫩新梢，是制茶重要原料。在传统农业时期，采茶需要花费大量劳动力。根据农业部门调查，茶叶手工采摘用工成本占毛茶加工生产成本的50%。近年来，我国主要茶区大多开始使用机械采茶，每台双人采茶机8小时工作量相当于40个熟练采茶工的工作量，效率大大提高。许多名优茶类亦开始探索机采之路，经济效益也大大提高。

武夷山茶农手工采茶

一、何为"茶青"

茶树幼嫩新梢在茶叶加工中称鲜叶，亦称"茶青"，是茶叶品质的物质基础。各类茶叶品质不同，对鲜叶要求亦不一样。一般来说，质量较高的鲜叶有较高的嫩度、新鲜度、匀度和净度。在鲜叶验收上，多以新梢伸育的成熟度——嫩度作标准。嫩度愈高，制茶品质愈好，但产量有限。故在鲜叶采摘标准制定时，要兼顾产量和品质，因不同茶类而异。根据我国多种茶类的不同要求，采摘标准可以分为嫩采、适中采和成熟采三种。但各种不同采摘标准均应根据茶树新梢伸育特点，适时而有节制进行，达到既收获量多质高的鲜叶，又不断促进新梢萌发，增加树冠新梢密度和强度，以维持树冠正常生长，延长经济年龄的目的。

在新梢发育过程中，叶组织细胞不断发生变化。幼嫩芽叶细胞栅栏组织排列不甚明显，也不规则。经过一段时间生长，叶片栅栏组织开始规则排列，细胞体积增大，叶肉相应增厚。继而形成对生开张的叶片，栅栏组织呈明显整齐排列，细胞体积膨大，细胞膜显著加厚，角质层逐渐增厚。

二、各类茶叶不同采摘标准

我国茶区广阔，茶类很多，长期以来形成了不同的茶叶采摘标准。归纳起来可分为嫩采、适中采和成熟采三种：

1. 嫩采

指新梢刚开始萌发1～2片嫩叶时即采。嫩采所得鲜叶，人们常称之为"雀舌""莲心""旗枪"，多用来制成特种名茶，如重庆"巴南银针"以渝茶特早一号单芽或一叶初展为采摘标准；四川"蒙顶甘露"以一芽一叶开展为采摘标准，均属嫩采范围。

嫩采　　　　　　　　　　　　特种绿茶嫩采标准

2. 适中采

当新梢伸育到一定程度，叶展开3～4片时，采下一芽二、三叶或相同嫩度对夹叶。按照这一采摘标准，所得鲜叶产量和品质均较好，经济效益显著。为目前国内外红、绿茶采摘的通用标准。

3. 成熟采

新梢成熟，还原糖和次生物质含量增加，对某些特种茶类形成独特香味具有十分重要的意义。如乌龙茶鲜叶原料采摘就要求新梢已将成熟，顶芽形成驻芽，最后一叶刚摊开而带有4～5片叶片时，采下2～3对夹叶。此外，四川边茶中的康砖、金尖、茯砖、方包等的原料采摘标准，则要求鲜叶更为老熟，基部已木质化并形成"红苔绿梗"，需要借用专门的刀具（边茶采割刀）进行采割。为了扩大边茶生产，四川省有关部门近年积极提倡利用冬季茶树修剪下的枝叶作为边茶原料，因此，这种枝叶所制边茶的组成就更为复杂，净度也较差。

成熟采

成熟叶剪采

边茶采割刀

四川机采茶园

三、"茶青"嫩度与适制性

1. 嫩度

指同一品种在相同生态环境和栽培管理条件下,新梢伸育的成熟度。嫩度与茶叶品质呈正相关。

在鲜叶定级和嫩度鉴定方面,国内外学者研究了嫩度与化学成分的相关性。但是,由于气候、生态环境、肥培管理水平等诸多影响因素,目前还很难以化学成分指标作为鲜叶分级依据。随着科学发展,特别是快速、简便、高灵敏度仪器分析技术的广泛应用,有可能通过鲜叶中纤维素、氨基酸、咖啡因及儿茶素的快速测定来确定鲜叶等级。

当前,我国许多茶企仍按芽叶机械组成作为鲜叶分等论级的标准。分析芽叶机械组成虽然容易掌握,但仍然麻烦。故世界其他产茶国只有一个鲜叶标准——一芽二叶或一芽二、三叶。

此外,鲜叶的柔软度、匀净度、新鲜度以及含梗量也是鉴定鲜叶品质的依据之一。在判断鲜叶质量时,应综合上述各项因子,权衡利弊,制定切实可行的鲜叶分级标准,并运用价值规律调动茶农多采茶、采好茶的积极性。

2. 适制性

指某一鲜叶适合制造某一茶类的特性。掌握了鲜叶这一特性，才能有的放矢地选择制茶原料，充分发挥鲜叶的经济价值，制出符合要求的茶叶。同一棵茶树上采下的同等质量"茶青"，既可做成色艳味浓的红茶，也可制成清汤绿叶的绿茶，但品质却有不同。不同品种、不同栽培环境条件的鲜叶有不同的适制性。

（1）叶色与适制性

叶色是茶树品种特性的一个重要表现。不同的茶树品种，由于遗传性及栽培环境的影响，化学成分（如叶绿素、黄酮醇、花青素含量）有许多差异，组成比例也有所不同，因而呈现不同的叶色。一般来说，叶色鲜绿者，含蛋白质、叶绿素丰富，适制绿茶；叶色浅绿或黄绿者，含多酚类丰富，适制红茶；叶呈紫色者，含花青素多，做绿茶苦涩味重，适制普洱茶或红茶。因此，根据叶色来判断鲜叶适制性是快速鉴定品种的途径，南川大树茶的鉴定就采用了这一办法。

不同叶色的鲜叶

（2）地理环境与鲜叶适制性

生态环境，如气候、海拔、植被、土壤等因素不同，茶树生长状况也不同，形态和内含成分均有很大差异，表现出不同的适制性。如武夷山的岩茶和洲茶、外山茶属同一品种，但因地理环境不同，鲜叶品质差异很大。如酚氨比和芳香油含量差距达一倍以上。

（3）化学成分与适制性

鲜叶水浸出物、多酚类、叶绿素、全氮量、氨基酸总量等茶叶特有生化成分与适制性关系密切，如儿茶素丰富的大叶种做成茶叶后滋味浓郁。但品质并非单一成分的影响，而是与多种成分配合有关。

（4）季节与适制性

季节变化，茶树新梢伸育也有不同的变化。因此，不同伸育期内，采制不同茶类是因时制宜的表现。各个茶区采用多层次的茶类结构也就是这个原因。随着季节的变化，分时间采制、绿茶、红茶和黑茶是国内多个茶区提高经济效益的有效措施。

四、鲜叶付制前的管理

鲜叶采下后，由于劳力、运输、设备及其他条件的限制，一般很难做到"现采现制"。为了保证鲜叶合理加工的要求，必须加强制前的管理。

1. 鲜叶的采运管理

获得鲜、嫩、匀、净的制茶原料，并及时送到茶厂，是制茶工作需首要注意的一环。在茶树栽培管理上，要求分期分批按标准及时采，并适当调节采制高峰。因此，采摘应注意品种搭配及不同地形、海拔的鲜叶的平衡。采下鲜叶及时装筐（篮）送入茶厂，保证鲜叶在运输过程中不受损伤，因此进厂鲜叶一般不会产生发热及变质现象。

2. "茶青"采后生理

鲜叶采下后，其呼吸作用仍然很旺盛，葡萄糖分解成丙酮酸后，继续进入三羧酸循环，彻底氧化分解，呼吸途径畅通。如果采后管理不当，鲜叶品质将逐渐下降，下降速度的快慢取决于干物质的消耗速度。鲜叶呼吸强度通常受到贮青温度的影响，温度增加10℃，呼吸强度（单位时间内每克干物质的耗氧量）大约增加一倍。

鲜叶如在采运时受到挤压损伤，其受伤处的呼吸量会大大增加。但在25℃时，呼吸强度迅速下降，呼吸熵（鲜叶在呼吸过程中氧气吸入量与二氧化碳排出量的比值，通常用Q_{CO_2}/Q_{O_2}表示）也迅速下降。说明碳水化合物消耗很大，叶组织处于"饥饿"状态，开始动用蛋白质和氨基酸。此外，除了正常的呼吸作用，还有多酚类的氧化带来的氧的额外消耗，致使吸收氧的量大于放出二氧化碳的量。

鲜叶采后贮放过程中，正常呼吸作用仍在进行，只是呼吸熵变小，呼吸强度减弱。从下表可看出，随着鲜叶水分的蒸发，氧气的吸收逐渐增加，呼吸熵由1.0下降到0.65。这种现象表明，鲜叶刚采下时，呼吸作用进行正常，氧气吸入量与二氧化碳排出量大体一致（$Q_{CO_2}/Q_{O_2} \approx 1.0$），但由于细胞失水，原生质变性，部分氧气被用到多酚类的氧化作用中去了。

鲜叶采后贮放过程中呼吸熵的变化

项目	鲜叶	摊青叶		
		采后3小时	采后6小时	采后9小时
含水量（%）	75.4	72.7	68.0	60.2
氧气吸入量（Q_{O_2}，毫升）	88.5	92.0	92.0	124.0
呼吸熵（Q_{CO_2}/Q_{O_2}）	1.03	0.95	0.90	0.65

总的看来，在鲜叶采后贮放过程中，其呼吸作用是逐渐减弱的。细胞失水导致原生质逐渐变性，新陈代谢水平下降，加之多酚类氧化物的积累，反过来抑制呼吸酶活性，因而呼吸作用逐渐减弱。

3.鲜叶的贮放管理

（1）避免鲜叶堆积。当鲜叶堆积、氧气吸入量不足时，丙酮酸便不能进入三羧酸循环而进入酵解途径，常产生酒味和酸、馊味，品质变劣，甚至不堪饮用。

鲜叶堆积造成干物质大量损耗，不但使鲜叶品质下降，也使制率大大降低；由于霉菌繁殖加快，鲜叶机械损伤部分也很容易霉烂变质。

（2）控制贮放条件。关于鲜叶贮放过程中，物质转化与贮放条件也有一定关系。据日本原隙夫的调查分析，在厚度50厘米、宽度100厘米的鲜叶堆上，鲜叶堆后10～12小时，温度上升到35～45℃，从堆中心到顶部1/6处温度最高。此外，芽叶愈嫩，破碎叶愈多，温度上升愈快。这种发热现象，在采后14～15小时表现最突出，随后发热量迅速减少，故鲜叶贮放中适当通气十分必要。

低温贮青可以较好地保持鲜叶的嫩鲜度，提高茶叶品质，尤其是在减少"高峰期"设备不足带来的茶叶品质损失方面，具有一定的意义。

据试验，正常的室内贮青，一般不得超过24小时，但在5～10℃低温下，贮青3天对茶叶品质仍无大的影响。目前国内大型茶厂开始采用低温冷库贮青，鲜叶在一周内无变化。但这项技术对设备要求较高，成本也高。

国内大、中型茶厂采用透气贮青，取得较好效果。透气贮青，就是将待制鲜叶放置在通风板上，底部由风机送入一定量的空气，使气流穿透叶层，及时驱散内部积热，防止鲜叶红变。与常法贮青相比，透气贮青既省工省力，又能在较长时间保鲜。同时，由于贮青室采用风机而具有一定静压力，空气气流能穿过较厚叶层，因而可以提高摊青间利用率，摊叶量可增加3～4倍。如果再安装一条地沟式青叶输送带，则可给制茶流水化作业带来更多便利。

（3）鲜叶进厂后的管理。随着茶厂规模逐步扩大，鲜叶进厂后管理是否得当，成为茶厂全面质量管理的重要一环。对于贮藏设备、贮藏方法及贮青过程，都应制订科学的贮青管理措施。

我国多数茶区无专用贮青设备，多以建立贮青室为主。贮青室规模根据茶厂规模确定，一般可按每平方米摊鲜叶20千克计算；要求水磨石地面或贮青槽，阴凉清洁，空气流通，干燥；设有排水沟，便于清洗；门窗不宜过多，窗栏不要过大，窗口离地面至少1.5～2.0米；尽量控制室温不超过25℃。

鲜叶摊放不宜过厚，以15～20厘米为宜。气温高和下雨后采摘鲜叶宜薄摊，每1～2小时翻动一次。翻动时动作要轻，摊叶要呈波浪形，以利温度散发，保证鲜叶质量。鲜叶摊放一般不超过12小时，最多24小时，但时间长短应根据摊放厚度和生产情况而定。

目前，大型茶厂贮青装置有箱框式、地槽式和地面式等。还有一种适于小型茶厂使用的车式贮青槽，由鼓风机和贮青小车组成。一台风机可以连接9个小车（小车长1.8米，宽1米，高1米），每车堆放鲜叶200千克，车身底层有铁丝网和风管，9个小车相互衔接，制茶时可以将车子脱开，推入下一道工序。

不同大小茶厂贮青设备占用面积

规格	进厂鲜叶量（千克／天）	贮放鲜叶量（千克／天）	常法地面贮青面积（米²）	透气贮青面积（米²）
小型茶厂	5 000	3 500	360	80
中型茶厂	10 000	7 000	670	140
大型茶厂	20 000	14 000	1 275	265

第二章 / 茶的分类与茶叶加工

中国是世界茶树原产地，也是最早发明制茶技术的国家。晋代常璩撰《华阳国志·巴志》在述及古巴国向周国「进贡」物产时，就说这里已「园有芳蒻、香茗」。即称商周时茶已实现人工栽培，而且发明了制茶焙烤之法，因此，野生「苦茶」经人工焙烤后变成了受人欢迎的「香茗」，时间大概在前1100年—前300年。

第一节

茶的命名与分类

一、茶的命名

我国茶叶生产历史悠久，品种和制法各异，品质百花齐放，加之民族、地理、风俗习惯不同，茶的命名有很多。在我国的古文字和出土文物记载中，前3世纪以来，已有荼、槚、蔎、茗、荈、茶等命名。

由"荼"到"茶"，历经千年沧桑。"茶"字首先出现在656—660年苏敬所撰《新修本草》。据考证，到中唐时期开始流行改"荼"字为"茶"字，且全国统一。

世界各国最先饮用的茶均由我国传入，因此各国语言中"茶"字的译音都与我国对茶的称呼有关。一个系统来源于北方官话：5世纪，土耳其商人来我国西北地区购买茶叶并转卖给阿拉伯人，故土耳其语称茶为"Chay"，而阿拉伯人先称茶为"Chah"，如今称"Chai"；另一个系统则来源于闽南语：16世纪，我国茶叶经海上丝绸之路出口欧洲，大多是从广州和厦门两地起运，因此欧洲各国"茶"字的译音是由闽南话演变而来的。

茶叶的命名方式主要有以下5种：

以产地命名者，通称地名茶。如安徽祁门红茶、浙江西湖龙井、四川

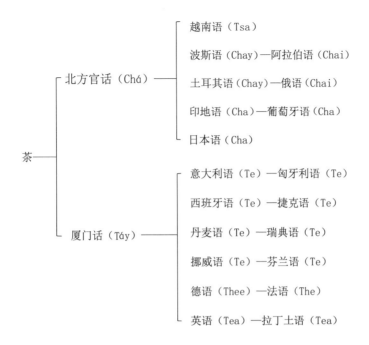

```
                          ┌─ 越南语（Tsa）
                          │
                          ├─ 波斯语（Chay）—阿拉伯语（Chai）
                          │
         ┌─ 北方官话（Chá）─┼─ 土耳其语（Chay）—俄语（Chai）
         │                │
         │                ├─ 印地语（Cha）—葡萄牙语（Cha）
         │                │
         │                └─ 日本语（Cha）
    茶 ──┤
         │                ┌─ 意大利语（Te）—匈牙利语（Te）
         │                │
         │                ├─ 西班牙语（Te）—捷克语（Te）
         │                │
         └─ 厦门话（Táy）──┼─ 丹麦语（Te）—瑞典语（Te）
                          │
                          ├─ 挪威语（Te）—芬兰语（Te）
                          │
                          ├─ 德语（Thee）—法语（The）
                          │
                          └─ 英语（Tea）—拉丁土语（Tea）
```

世界主要语种中"茶"字的来源系统

蒙顶甘露、印度大吉岭红茶等。

以形状、色、香、味命名者，雀舌、毛峰、瓜片、黄芽、绿雪、兰花、香橼、江华苦茶、安溪桃仁皆是。

以茶树品种和产茶季节命名者，如大红袍、铁观音、水仙、乌龙和春尖、谷花、秋香、冬片等。

以制法命名者，如全发酵茶、半发酵茶、不发酵茶、烘青、炒青、蒸压茶、萃取茶等。

以销路命名者，如边销茶、外销茶、内销茶、侨销茶等。

二、茶的分类

在三千余年的种茶历史中，我国广大茶区劳动人民在实践中根据茶叶色、香、味特征发明了多种制茶方法，创造了丰富的茶叶种类，品质各异、特色鲜明，适应了多民族不同饮食习惯与口味。2022年，"中国传统制茶技艺及其相关习俗"列入联合国教科文组织人类非物质文化遗产代表作名录。我国茶类繁多，茶叶分类过去无统一方法，目前各种茶按制法和品质可分为绿茶、黄茶、黑茶、青茶、白茶、红茶六大类，还有再加工的花茶、紧压茶、速溶茶等，不胜枚举。

（一）六大茶类分类系统

为了便于掌握各类茶的制造方法和品质特征，通常以制茶过程中多酚类化合物氧化聚合程度及其对品质的影响作为茶叶分类的依据。

茶界前辈、已故安徽农业大学陈椽（1908—1999）教授按制法和品质建立"六大茶类分类系统"，以茶多酚氧化程度为序把初制茶分为绿茶、黄茶、黑茶、青茶、白茶、红茶六大茶类，已为国内外茶界广泛应用。

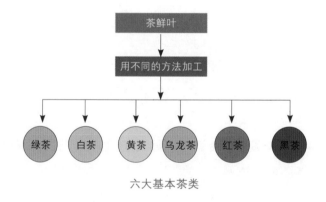

六大基本茶类

1. 绿茶类

绿茶类是六大茶类中最大的茶类。用幼嫩新梢经高温杀青→揉捻→烘焙而成。其品质特点为香高味醇，叶绿汤清。因杀青方式和最终干燥方式的不同，分炒青（如屯溪绿茶）、烘青（如蒙顶甘露）、晒青（如滇青、川青）、蒸青（如玉露）四大类，用绿茶作原料再加工的有茉莉烘青、云南沱茶和普洱茶等。

2.黄茶类

黄茶类是一种古老的传统茶类。用幼嫩新梢经高温杀青→揉捻→闷黄→干燥而成。其品质特点为香味醇厚、黄叶黄汤。著名的黄茶有湖南洞庭湖的君山银针、四川的蒙顶黄芽、安徽的霍山黄芽、浙江的平阳黄汤等。

3.黑茶类

黑茶类是我国生产历史悠久的大宗茶类。采用成熟新梢作原料,因制造中堆积发酵时间较长,商品茶呈暗褐色,故称黑茶。由于主要供边疆少数民族饮用,亦称"边销茶"。我国黑茶产区广阔,品种花色很多,著名的黑茶有湖南的湘尖、黑砖、花砖、茯砖,湖北的老青砖,四川的康砖、金尖、方包,云南的普洱饼茶、方茶和广西的六堡茶等。

4.青茶(乌龙茶)类

青茶(乌龙茶)类是我国茶类中制法特别考究的一类。它以形成"对夹叶"的新梢作原料,通过晒青→晾青→摇青→炒青→揉捻→烘焙等多道工序焙制而成,具有香高味爽、绿叶红镶边的品质特征。我国福建武夷岩茶、安溪铁观音、广东凤凰单丛和台湾冻顶乌龙是这类茶的代表,畅销日本和东南亚等国家、地区。此外,永春佛手、平和白芽奇兰、漳平水仙亦是乌龙茶佳品。近年以该茶作原料开发的罐装乌龙茶饮料在国际市场上十分走俏。

5.白茶类

白茶类是我国特有的茶类。产于福建省的福鼎、政和、松溪和建阳等县市区。它以叶背多茸毛的优良品种"大白茶"作原料,采用自然萎凋和缓慢干燥的制法,使白色茸毛在茶的外表完整地保留下来,因此茶呈银白色,香气清纯,滋味甘美。代表性花色品种有白毫银针、白牡丹、寿眉、贡眉等。

6.红茶类

红茶类是世界上产量最多、销路最广、市场竞争最激烈的一大茶类。

它以幼嫩的芽叶作原料，通过萎凋→揉捻→（切细）→发酵→烘干等工序，制成香高味爽、滋味醇厚的小种工夫红茶，以及适宜快速、简便饮用的香高味浓的红碎茶、袋泡红茶、速溶红茶等。

（二）综合茶叶分类法

目前我国茶叶贸易部门根据出口茶类别将茶叶分为绿茶、红茶、乌龙茶、白茶、花茶、紧压茶和速溶茶七大类。综合以上两种方法，为进一步反映茶叶科技进步现状，中国农业科学院茶叶研究所程启坤研究员提出基本茶类和再加工茶类两大类的茶叶综合分类方法。

（三）三位一体茶叶分类法

在国外，茶叶分类比较简单，欧洲把茶叶按商品特性分为红茶（Black Tea）、乌龙茶（Oolong Tea）、绿茶（Green Tea）三大类。陈椽教授认为，理想的茶叶分类方法必须反映茶叶品质的系统性，同时又要突出制法的系统性，主张以主要内含物变化结合茶类发展的先后进行分类。实践表明，这一分类指导思想无疑是正确的，国内外的现代分类法大都遵循了这一理论。

随着现代物理和化学分析技术的进步，近年，茶叶精深加工技术和茶叶中生理活性物质分离制备技术快速发展，从增强人体免疫功能、调节代谢平衡需要出发的茶叶新产品层出不穷，茶叶已从传统的嗜好饮料登上了21世纪健康食品的宝座。但以上茶叶分类方法未能包括茶叶深加工制品如茶叶食品、以茶为原料制备的日用化工品等，而这一类产品必将是未来茶叶贡献给人类具有重要价值的食品与用品之集合。笔者在继承原有分类理论及方法基础上，于1987年提出以用途、品质、制法三位一体进行集合的分类体系。

```
                          ┌ 长炒青（特珍、凤眉等）
              ┌ 炒青绿茶 ─┼ 圆炒青（珠茶、雨茶、涌溪火青等）
              │           └ 细嫩炒青（龙井、大方、碧螺春、雨花茶、松针等）
              │           ┌ 普通烘青（闽烘青、浙烘青、徽烘青、苏烘青等）
       ┌ 绿茶─┼ 烘青绿茶 ─┤
       │      │           └ 细嫩烘青（黄山毛峰、太平猴魁、华顶云雾、高桥银峰等）
       │      ├ 晒青绿茶（滇青、川青、陕青等）
       │      └ 蒸青绿茶 （煎茶、玉露等）
       │      ┌ 小种红茶（正山小种、烟小种等）
       ├ 红茶─┼ 工夫红茶（滇红、祁红、川红、闽红等）
       │      └ 红碎茶（叶茶、碎茶、片茶、末茶）
       │             ┌ 闽北乌龙（武夷岩茶、水仙、大红袍、肉桂等）
       │             │
       ├ 乌龙茶（青茶）┼ 闽南乌龙（铁观音、奇兰、 黄金桂等）
基本茶类─┤             ├ 广东乌龙（凤凰单丛、凤凰水仙、岭头单丛等）
       │             └ 台湾乌龙（冻顶乌龙、包种乌龙等）
       │      ┌ 白芽茶（银针等）
       ├ 白茶─┤
       │      └ 白叶茶（白牡丹、贡眉等）
       │      ┌ 黄芽茶（君山银针、蒙顶黄芽等）
       ├ 黄茶─┼ 黄小茶（北港毛尖、沩山毛尖、温州黄汤等）
       │      └ 黄大茶（霍山黄大茶、广东大叶青等）
       │      ┌ 湖南黑茶（安化黑茶等）
       │      ├ 湖北老青茶（蒲圻老青茶等）
       └ 黑茶─┼ 四川边销茶（南路边销茶、西路边销茶等）
              └ 滇桂黑茶（普洱茶、六堡茶等）
                ┌ 花茶（茉莉花茶、珠兰花茶、玫瑰花茶等）
                ├ 紧压茶（黑砖、茯砖、方砖、饼茶等）
                ├ 萃取茶（速溶茶、浓缩茶等）
再加工茶类 ──────┼ 果味茶（荔枝红茶、柠檬红茶、猕猴桃茶等）
                ├ 保健茶（减肥茶、杜仲茶、甜菊茶等）
                └ 含茶饮料（茶可乐、茶汽水等）
```

综合茶叶分类法

茶
├─ 茶叶饮料
│ ├─ 泡饮式
│ │ ├─ 绿茶—按制法分：炒青，如珍眉、珠茶、龙井、贡熙；烘青，如黄山毛峰、蒙顶甘露；晒青，如川青、滇青；蒸青，如恩施玉露
│ │ ├─ 黄茶—按制法分：湿坯闷黄，如远安鹿苑茶、蒙顶黄芽、台湾黄茶；干坯闷黄，如君山银针、霍山黄大茶
│ │ ├─ 青茶—按制法分：筛青做青，如闽北水仙、武夷岩茶；摇青做青，如台湾包种、冻顶乌龙、安溪铁观音
│ │ ├─ 花茶—按窨花种类分，如茉莉花茶、珠兰花茶、玳玳花茶、玫瑰红茶、香兰茶、荔枝红茶
│ │ ├─ 红茶—按制法分：工夫红茶，如祁门红茶、川红工夫；小种红茶，如正山小种、烟小种；红碎茶，如 C.T.C 红茶、洛托凡红茶、转子机红茶
│ │ ├─ 白茶—按嫩度分：芽茶，如白毫银针；叶茶，如白牡丹、贡眉等
│ │ └─ 黑茶—按产地分：云南普洱茶、安化黑茶、广西六堡茶
│ ├─ 煮饮式
│ │ ├─ 砖茶（紧压茶）—按形状分：篓装紧压茶，如四川康砖、金尖、方包；砖形茶，如湖南黑砖、花砖、茯砖，湖北老青砖、紧茶，云南方茶
│ │ ├─ 腌茶—云南竹筒茶
│ │ ├─ 擂茶—湖南擂茶、广西擂茶
│ │ └─ 油茶—湖南湘西油茶、四川土家油茶、西藏酥油茶、蒙古奶茶
│ ├─ 直饮式
│ │ ├─ 速溶茶—速溶红茶、速溶绿茶、速溶乌龙茶、速溶花茶、速溶普洱茶
│ │ ├─ 冰茶—柠檬冰茶、苹果冰茶、香草冰茶、麦香冰茶
│ │ ├─ 汽水茶—柠檬汽水茶、荔枝汽水茶、香草汽水茶、果味汽水茶
│ │ ├─ 泡沫茶—泡沫红茶、泡沫乌龙茶、泡沫包种、泡沫铁观音
│ │ └─ 茶水罐头—荔枝红茶、麦香红茶、乌龙茶、玉露绿茶、茉莉花茶
│ └─ 茶酒—四川茶酒、茉莉花茶精酿啤酒
├─ 茶叶食品
│ ├─ 茶糖果—红茶奶糖、红茶朱古力、红茶饴、绿茶饴
│ ├─ 茶点心—红茶饼干、红茶蛋糕、绿茶三明治、绿茶馒头
│ ├─ 菜肴—龙井虾仁、樟茶鸭子、清蒸茶鲫鱼、绿茶番茄汤、凉拌嫩茶尖
│ ├─ 茶饭—茶粥、鸡茶饭、盐茶鸡蛋
│ └─ 茶冷冻食品—红茶冰激凌、红茶娃娃糕、绿茶冻
├─ 茶保健品
│ ├─ 茶多酚—维多酚、儿茶酚口服液
│ ├─ 保健茶
│ │ ├─ 专用药茶：宁红保健茶、上海保健茶、清咽保健茶、防龋茶、降糖茶、降酯茶
│ │ └─ 补药茶：人参茶、富硒茶、杜仲茶、八珍茶、参芪茶
│ └─ 茶多糖抗辐射制剂（针剂）
└─ 茶叶日用化工品及添加剂
   ├─ 茶叶抗氧化剂、茶叶色素、茶叶保鲜剂
   └─ 茶皂素制品：茶叶洗发香波、茶叶防臭剂、茶叶起泡剂（表面活性剂）

"三位一体"茶叶分类法

第二节

绿茶"清汤绿叶"之谜

诗曰:"色绿淡雅满盏花,香郁斗室一杯茶。味甘源自老龙井,形美貌如你的她。"

鸦片战争后的一天,一个高鼻梁、蓝眼睛的神秘英籍男子带着特殊使命来到中国武夷山。他就是"茶叶大盗"罗伯特·福钧(Robert Fortune,1812—1880),受维多利亚女王和东印度公司派遣,前来中国执行一项特殊任务——弄清中国红茶与绿茶的秘密并带回其种子。

此前,风靡伦敦的中国茶让东印度公司痛失大批白银,而关于红、绿两大分类是否因为有红、绿两个树种或是其他原因,也在白金汉宫中争执不休。中国茶之秘密必须请通晓中国事务的福钧博士前去中国弄清才是。

福钧两次中国茶乡之行(1843—1848年),弄清了"清汤绿叶"的绿茶与"红叶红汤"的红茶原来不是树种的影响,而是制茶方法不同。这个有英国皇家科学院院士头衔的"植物学家"此行不仅盗走大量中国茶种,还掳去一批拥有精湛技艺的制茶工人,在印度大吉岭下开发出著名的大吉岭红茶和清汤绿叶的中式绿茶。

中国绿茶以清汤绿叶、香高味醇誉满世界，它不仅以西湖龙井、黄山毛峰惊艳国人，让绿茶成为"中国茶"最具代表性的茶叶产品，而且以"屯绿"为代表的炒青绿茶成为许多北非国家人民的生活必需品。

绿茶"清汤绿叶"之谜，关键究竟在哪里？

一、叶绿素乃代谢基础

绝大多数绿色植物在自然界通过光合作用制造能量，叶绿素分布于细胞原生质中，与蛋白质紧密结合，不溶于水，受热时，会引起水解，由亲脂变为亲水。它不仅影响绿茶外形、色泽，而且进入茶汤影响汤色，是决定绿茶干色与汤色的主要色素。叶绿素主要有两种类型，一种是叶绿素a，呈墨绿色；另一种是叶绿素b，呈黄绿色。叶绿素a与叶绿素b在鲜叶中的比例大约是2：1，但因品种、栽培条件和鲜叶老嫩等因素的影响，鲜叶中叶绿素a与叶绿素b的含量、比例不同，使鲜叶有深绿色与黄绿色之别。通常深绿色鲜叶的蛋白质含量较高，浅绿色的鲜叶则相反。因此，深绿色的鲜叶适制绿茶，浅绿色的鲜叶适制红茶。

二、酶活性抑制

茶叶制造中颜色变化，不仅受自身色素种类影响，还受细胞原生质胶体中一种特殊蛋白质——活性酶的调控。

无论动物与植物，其体中都存在着有机催化剂——酶，生物体就是靠酶的作用，进行着比体外非酶作用快数万倍的复杂的生化变化。茶叶中存在很多种酶，其中如多酚氧化酶能催化多酚类氧化，使叶色变红。如果用一定方法破坏了酶的活性，多酚类就失去了被氧化的基础，叶色不会迅速变红。绿茶的杀青，就是用高温钝化酶的活性，酶失活以后，茶在以后的过程中就不会出现红变的现象。

绿茶自动杀青机

　　杀青，不论炒青、蒸青，都是利用高温破坏酶活性。如果处理不当，不但不能破坏酶活性，反而会增加酶的活性而引起红梗红叶。这是茶叶保持"清汤绿叶"的基本条件。

　　几乎所有的化学反应都受温度影响，温度升高，化学反应速度就会加快。温度每升高10℃时，速度大约加快一倍。这个倍数称温度系数，习惯上以Q_{10}代表。温度对酶的两重性，就是在加快催化反应速度的同时，高温条件也增加钝化反应的速度；在常温条件下以提高催化反应速度为主导，高温条件下则以增加钝化反应速度为主导。据测定，植物酶的最适温度在40～50℃，当超过最适温度时，酶的活性就开始下降，在85℃以上时，酶的活性就被破坏。绿茶杀青过程中酶活性的变化如下表所示。

嫩叶杀青过程中酶活性的变化

杀青时间（分钟）	0	1	2	3	4	5	6
平均叶温（℃）	28	61	83	85	66	67	67
多酚氧化酶（毫克／克）	100	54	34	5	0	0	0
过氧化物酶（毫克／克）	100	55	43	6	0	0	0

酶受热活性破坏后是不可逆的，但温度低于40～50℃，酶的活性未遭钝化，在高温解除后，会恢复活力。所以杀青不透，暂时不产生红梗红叶，在揉捻或干燥时却发生了红变现象，就是这个道理。

三、工艺条件的制约

实践中，因鲜叶老嫩程度、含水量、杀青锅温的不同，产生的清汤绿叶效果也不一样。例如手工炒制龙井茶，锅温只需90～100℃（高级茶）；而用84型杀青机，则要求锅温在300℃以上，二者锅温高低差距很大，但同样达到了不产生红梗红叶的目的。事实说明，高温杀青所指的高温，主要是通过锅壁传递与辐射，达到足以破坏酶活性的叶温。

杀青中蒸发的水分多，消耗的热量也多，叶温不易升高。嫩叶和雨水叶的含水量较高，而老叶和无表面水的鲜叶含水量较少，所以前者消耗水分所需热量较后者多。为了升高叶温，在生产中除用提高锅温的办法，常以控制投叶量来调节叶温。嫩叶在杀青中需要较高的温度，不仅是因为含水量较高，还与酶活动力较强有关。

第三节

乌龙茶"岩骨花香"之源

诗曰:"南国乌龙三大家,岩骨花香第一茶。观音神韵溢九州,东方美人闯天下。"

青茶,又叫"乌龙茶",是我国六大茶类中独具高香特色的一大茶类,如武夷岩茶、安溪铁观音和凤凰单丛等。它们的品质介于绿、红茶之间,绿叶红镶边,但香气尤为独特。其花香沁人肺腑,果香甜醇持久,蜜香沉稳隽永。如武夷山用肉桂、水仙等品种制成的"大红袍""溪谷留香"等茶品,被世人用"岩骨花香"形容,称其花香来源于"碧水丹山"岩石石缝之中,果真如此吗?现以岩茶为例说明。

武夷岩茶的"岩骨花香",首先源于广大茶农在世代相传的茶树选种留种工作中,把当地建成了人工选择与自然选择相结合的茶树资源基因库;其次,当地山场、气候、土壤特别适宜这些品种生育;第三,广大茶农在长期制茶实践中充分发挥出这些品种的优良特质,并总结出一套不同于其他茶类的做青和烘焙工艺。

一、高香品种的基因库

茶树在植物分类学的通用名称为 *Camellia sinensis* (L.) O. Kuntze。基于分类方法不同，其名称亦不统一。因其异花授粉，所以茶树无论是有性还是无性后代，在遗传组成上都是杂合的，均会出现不同程度的性状分离。在有性繁殖条件下，茶树的遗传性状不可能完整保留下来。基于遗传的多样性，在茶树育种工作中，经常利用杂种一代特性作为新品种选育的基础。乌龙茶的许多优良品种就是利用杂交变异现象精心定向培育的后代。

武夷山素来有"茶树品种王国"之称。1943年福建茶人林馥泉对武夷山适制乌龙茶的茶树品种进行实地调查，仅慧苑坑就有茶树花名800多个。武夷岩茶多以茶树品种命名，因品种不同，可分为菜茶、水仙、肉桂、乌龙、梅占等；除菜茶（当地称"奇种"），其余各品成茶均冠原茶树品种名称，如水仙树种所制成的茶即称为水仙，肉桂树种所制成者称为肉桂。

武夷岩茶为乌龙茶中的上品，味甘泽而气馥郁，去绿茶之苦，无红茶之涩，性和不寒，久藏不坏。香久益清，味久益醇，叶缘朱红，叶底软亮，具有绿叶红镶边的特征。茶汤金黄或橙黄色，清澈艳丽。香气馥郁具幽兰之胜，锐则浓长，清则幽远，味浓醇厚，鲜滑回甘，有"味轻醍醐，香薄兰芷"之感，所谓品具岩骨花香之胜。

武夷岩茶之所以能在乌龙茶众多品类花色中独树一帜，根本原因在于其母树菜茶群体具有强大的"高香"基因。在武夷山"三坑两涧"中，菜茶群体多为有性（种子）繁殖，其子代因异花授粉而产生变异，茶农在长期生产实践中选择香气特异者单株育种，称为"单丛"，然后优中选优，并根据品质特征，选出"名丛"，如四大名丛大红袍、白鸡冠、水金龟、铁罗汉就是这样选育出来的。武夷山茶农和广大育种工作者，近代如林馥泉、吴振铎、林心炯、姚月明等，经过反复单株选育，积累了名目繁多的优秀单株。后经分别采制、质量鉴定，最后以成品茶质量为标准，反复评比，依据品质、形状、产地等不同特征命以"花名"。由各种花名中评出"名丛"，在普通名丛中再评出了四大名丛。

名丛，首先以优异的品质为选择条件，然后依其不同特点命名。以茶树生长环境命名的，如不见天、岭上梅、半天腰等；以茶树形态命名的，如醉海棠、凤尾草、玉麒麟、一枝香等；以茶树叶形命名的，如瓜子金、金柳条、竹丝等；以茶树叶色命名的，如红海棠、石吊兰、水红梅、绿蒂梅、黄金锭等；以茶树发芽迟早命名的，如迎春柳、不知春等；以成品茶香型命名的，如肉桂、白瑞香、夜来香、十里香等。

二、独特的气候、土壤条件

气候条件也是乌龙茶优异品质形成的重要生态因子，不仅直接影响茶树体内物质代谢，对茶园土壤的理化性状也有深刻的影响，导致茶叶内含物在数量和比例上的明显差异，茶叶品质也因此迥然不同。

据林馥泉回忆，乌龙茶区虽地形较高，峰岩耸立，深谷陡峭，茶树生长于山坳岩壑之间。日照比平地时间短，终年很少日光直射，霜雪极少，以湿度论，则岩泉点滴，终年不绝；冬季走入山中，每见青草油绿，花香鸟语，真不知山外尚有严冬，皆为得天独厚者。

此外，茶园森林覆盖率决定茶树接收光照度的强弱。主要产区栽培的茶树多为灌木或小乔木，周围有高大的树木荫蔽，而该地区所处的经纬度使茶树在夏秋季能够得到每天不少于8.5小时的日照。

土壤是茶树生长的基础，影响茶叶品质。茶学家王泽农曾对武夷山茶地土壤进行调查、化验、分析，著《武夷茶岩土壤》，进一步证明了明代徐𤊹在《茶考》中所说的武夷"山中土气宜茶"的观点。

武夷山茶园土壤（张秀琴　图）

陆羽《茶经》有"上者生烂石，中者生砾壤，下者生黄土"之说，可见土壤类型与茶叶品质密切相关。茶树是喜欢酸性土壤的植物。种植茶树的土壤要有一定的酸碱度范围。土壤团粒结构较多，有一定的透气性、透水性和保水保肥能力，则有利高品质茶叶的生成。同时，土壤的矿质元素对茶叶的品质也有较大的影响。

矿质元素对茶树的生长也有重要的影响。钾元素在茶树新梢中随其成熟度增加而降低，且有调控茶树内含物的作用。镁和钾有助于提高茶树橙花叔醇、橙花醇、雪松醇等乌龙茶特征香气组分的含量。相关研究表明，土壤中钾、磷、镁含量高的产地，茶叶香气较好。

姚月明曾以武夷山竹窠、企山、赤石分别代表正岩、半岩、洲茶三地茶园，调查表明，三地茶园三要素含量相互比例相差甚大，竹窠茶园含磷、钾高而氮低，赤石茶园含氮高而磷、钾低，企山茶园则介于二者之间。正岩区土壤中除速效钾和速效镁含量较高，水解氮、速效钾、速效磷和速效镁之间的比例也较半岩产区和洲茶产区合理。

各元素之间相互协调、相互促进，有利于提高茶叶品质。而半岩、洲茶产区人为的影响因素较大，常年偏施某种矿质元素，破坏了原有土壤矿质元素的平衡，各种元素之间的搭配不均，其作用效果不能促进，甚至阻碍了茶树对矿质元素的吸收。

三、精湛的做青、焙火技术

武夷岩茶传统制作工艺历史悠久、技艺高超，2006年被列为国家级非物质文化遗产。手工制作程序是：采摘→倒青（即萎凋）→做青→炒青→揉捻→复炒→复揉→走水焙→扬簸→拣剔→复焙→归堆→筛分→拼配等。关键工序是做青和焙火。

岩茶以内质为主的特殊性，要求鲜叶采摘标准不同于其他茶类。一般是新梢芽叶伸育完整而形成驻芽时采三四叶，俗称"开面采"，由于老嫩程度不同，又分为小开面、中开面、大开面。"做青"包括倒青（萎凋）、晾青、摇青、静置等多道工序，是乌龙茶品质形成的基础与关键，正常气候条件下需要16～20小时，是利用茶树体内樱草糖苷酶的活性，促进其局部先期氧化，使茶叶内部色、香、味活性物质前体产生复杂的生化变化，叶背细胞芳香物质前体水解，逐步转化为挥发性香气（如芳樟醇、橙花叔醇等）与水溶性糖。在做青过程中，叶片和梗从散失水分"退青"，到"走水""还阳"恢复弹性，动静结合，反复相互交替，摇动变化，又要静放抑制变化。长时间、有控制地完成至叶脉透明、叶面红黄、红边三成、叶呈汤匙状、以手触叶略感柔软、花香浓郁，即为适度。起锅后即趁热揉捻，至茶汁溢出，条索紧结卷曲，烘干机干燥，然后再拣剔黄片、茶梗，即为毛茶。

精制最关键的是焙火。清人梁章钜评价道："武夷焙法，实甲天下。"初焙在高温下短时间内进行，最大限度减少茶叶中芳香性物质的损失，固定品质。复焙使茶叶焙至所要求的足干的程度。然后茶叶在足干基础上文火慢焙，经过低温慢焙，促进茶叶内含物的进一步转化，同时以火调香，以火调味，使香气、滋味进一步提高，达到熟化香气、增进汤色、提高耐泡程度的目标。在焙至足火时，茶叶表面呈现宝色、油润，干茶具有特殊的焦糖香。

武夷岩茶之手工摇青（溪谷留香　图）

焙火

　　当前，乌龙茶的做青与烘焙技术已经在人工智能和大数据技术支撑下，走上智能化、自动化的道路，茶叶根据品种、鲜叶含水量及物理性质实现了程序控制升温，定时、定速并自动翻拌，大大减少劳动力和工作强度，实现省力化运行，品质稳定。

第四节

红茶"自体发酵"之解

有诗曰："南方嘉木古称槚，巴山峡川是老家。渝有南川金山红，滇红
祁门人人夸。"

　　红茶，是世界茶饮的主要花色品种，已有300多年的生产历史。17世
纪由我国东南沿海经海陆两条丝绸之路运往欧洲，并出现在英国皇室的餐
桌上，以香高、色艳、味浓迅速风靡欧洲。18世纪中叶，中国红茶制法
传到印度、斯里兰卡。近200年来，全世界已有40多个国家生产红茶，红
茶年产量近200万吨，成为世界茶叶大宗产品，主要有红碎茶（初制分级
红茶）、工夫红茶、小种红茶。代表性的花色品种有中国祁门红茶、滇红、
正山小种，印度大吉岭红茶，斯里兰卡高地茶及肯尼亚红茶等。

　　红茶品质的形成，是利用鲜叶酶促氧化作用的结果。其色、香、味在
被习惯称为发酵的这一氧化聚合过程中发生了深刻的变化。随着现代分析
方法的进步，已经查明红茶400多种成分形成的途径，制造中茶多酚变化
显著，主要成分儿茶素（Catechin）类减少80%以上。下表说明，红茶初
加工，即红茶品质特征形成的主要阶段，是在以发酵为中心的儿茶素氧化
聚合过程中，经过一系列生物化学反应完成的。本节将以此为重点介绍红

茶品质形成原理。

红茶制造中鲜叶化学成分变化（阿萨姆种，占干物质比例）

材料	儿茶素类（%）	黄酮苷（%）	白花色苷（%）	茶黄素（%）	酚酸及缩酚酸（%）	其他酚酸氧化物（%）	咖啡因（%）	氨基酸及肽（%）	游离糖（%）	有机酸（%）	蛋白质（%）	灰分（%）
鲜叶	9～13	3～4	2～3	—	5	0	3～4	4	0.5	0.5	15	5
红茶	1～3	1～3	0	1～2	—	3.5～5.5	3～4	5	0.5	0.5	15	5

资料来源：桑德森（1968）。

红茶制造与绿茶、乌龙茶、黑茶的最大区别在于它通过萎凋提高鲜叶中酶系的活性，并在揉捻和发酵中利用酶促氧化作用，通过叶绿素的氧化降解和儿茶素类化合物的氧化聚合，使茶黄素（*Theaflavin*）、茶红素（*Thearubigins*）等有色物质形成红叶红汤的基本色泽。同时，通过一系列激烈的化学变化，形成强烈的滋味和芳香。最后的烘焙，目的在于终止发酵和发展香气，并便于贮运。

可见，红茶色、香、味形成是通过萎凋、揉切、发酵和烘焙等工序逐步完成的。

一、红茶"红叶红汤"的形成

17世纪初，中国红茶传入欧洲，英国皇室为其鲜艳夺目的色泽所倾倒。1712年法国文学家蒙代（P.A.Motteux）所作《茶颂》曾轰动全欧洲："天之悦乐唯此芳茶兮，亦自然真实之财利。盖快之疗治兮，而康宁之性质……茶必继酒兮，如终战之和平。群饮彼茶兮，乃天降之甘霖。"

据分析，茶鲜叶中多酚氧化酶（PPO）的酶促氧化，以儿茶素的氧化为主，没食子儿茶素（L-EGC）和L-表没食子儿茶素没食子酸酯（L-EGCG）最先被氧化缩合，生成茶黄素（TF）和茶红素（TR），构成红茶汤色。罗伯茨用模拟方法探明了红茶发酵中有色物质形成的途径，认为发酵是红茶制造最重要的工序，在多酚氧化酶的作用下，促使儿茶素氧化，因此发酵可促进酶促氧化作用正常进行，产生茶红素和茶黄素，除此以外，还形成了其他有色和无色的化合物。

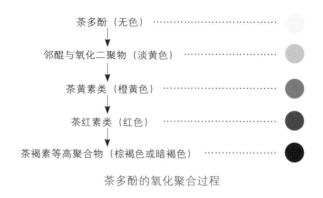

茶多酚的氧化聚合过程

二、红茶甜醇香气的形成

20世纪80年代，由于水蒸气与乙醚同时萃取法（SDE法）、气—质联用色谱法（GC—MS法）及核磁共振波谱法的成功应用，红茶香气研究在国内外取得突破性进展。1985年，东京御茶水女子大学名誉教授山西贞博士、小林彰夫教授和静冈大学的伊奈和夫教授、伊藤园综合研究所的竹尾忠一博士等取得重大研究进展。大量实验数据证明：

在鲜叶萎凋过程中，茶叶含水量减少40%～50%，细胞透性增强，液胞膜和叶绿粒膜发生改变，各种香味先质的糖苷与 β −糖苷酶接触，产生水解作用，香气化合物迅速游离出来，使萎凋过程香气成分的总量提高10倍以上。短时间增至最大量的有顺−3−已烯−1−醇（青叶醇）、反−2−已烯−1−醇、沉香醇，同时鲜叶中的挥发性成分如氨基酸、咖啡因也有所增加，它们对改善滋味产生重要影响，也是在后续工序中形成香气的重要先质。

红茶产地、品种、制法不同，萎凋程度要求也不一致，这使红茶香型有很大差异。用传统方法生产的祁门红茶的"祁门香"，是一种蔷薇和木兰香的香气；而大吉岭红茶则具有浓郁的麝香葡萄的韵味；乌伐高地茶则被认为有铃兰和丁香的细长高雅香韵。

　　以采用C.T.C（Crush Tear Curl）制法的红茶与传统制法红茶进行香气比较，由于前者萎凋程度较轻，揉切强烈、快速，因而氧化聚合作用速度也加快，茶叶中以糖苷形式存在的香气化合物尚未充分水解，其他成分急剧氧化，生成香气迅速转化为少量的醇和大量的羧酸类，因而这类茶缺少如大吉岭红茶和祁门红茶类似隽永幽雅的花香，香气成分总量也低于传统制法红茶。

　　研究证明，红茶香气成分的大量形成始于萎凋、盛于发酵，山西贞研究发现，多数香气成分在发酵中大增。这是因为发酵中酶系活性增加，除了儿茶素类的氧化聚合，茶中的氨基酸、不饱和脂肪酸及糖类发生氧化降解而形成挥发性化合物。1971年桑德森在茶叶发酵过程中分离出胡萝卜素及其氧化降解产物。它们在红茶中含量虽微，但对茶叶品质影响甚大，只要存在，即可用感官方法品尝出来。因此某些国家茶叶理化检验部门以此作为判定红茶质量的依据之一。

红茶发酵

三、红茶浓强鲜爽及回甘滋味的形成

红茶强烈鲜爽的滋味产生于加工过程。除了前面提到的儿茶素的氧化聚合是其强烈的收敛性之源，在发酵及烘焙中糖类的氧化、裂解及氨基酸的氧化和相互作用，也赋予红茶以独特的味感。

红茶加工中特别值得提出的是可溶性糖和氨基酸在加热过程中产生的梅拉德（Maillard）反应，即茶叶烘焙温度120℃以上时，产生焦糖香，其香味形成途径如下图所示：

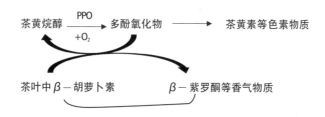

红茶发酵的偶联氧化作用（桑德森，1971）

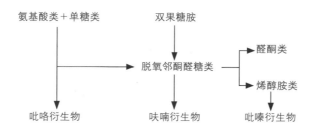

梅拉德反应中香味物质形成途径

第五节

普洱茶"切油化脂"之理

诗曰:"茶马互市兴华夏,满蒙维藏爱黑茶。明清普洱传天下,解腻消食全靠它。"

普洱茶,已成为世界茶饮市场的一个新热点。进入21世纪,中国普洱茶生产出口数量呈上升趋势,总量近10万吨。随着普洱产销两旺,各种普洱茶健身宣传广告贴满日本与西欧国家药店、饮料店和超市的橱窗;国内各种关于普洱茶的文化周、旅游节、研讨会、展销会应接不暇;各种关于普洱的著作,如《方圆之缘——深探紧压茶世界》《普洱茶谱》《中国普洱茶》等面世,令人眼花缭乱。

普洱茶如今在世界和国内各地流行,主要原因在于人类对蛋白质、脂肪、糖类等营养物质摄入的增加以及快节奏的生活和工作压力使人们在饮食养生方面更

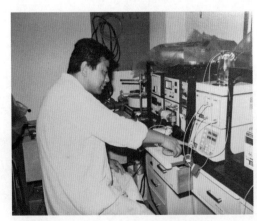

笔者在进行普洱茶香气成分分析试验

加考究。因此，具有"切油化脂"特性的黑茶成为广大消费者座上新宠。其中，黑茶类最大宗的普洱茶尤其受到茶饮市场的关注。

随着研究手段的进步，笔者从20世纪90年代以来，以普洱茶为主要对象，对其香气特征、功能成分以及降血脂、减肥药理学与毒理学进行研究。

一、普洱茶品质基础——云南大叶种

世界一切优良农产品，其品质都与产地环境及优良遗传基因有关。普洱茶的木香陈韵及保健功能也是如此。

1. 勐库大叶种

植株乔木型，树姿开展，生长势强，分枝部位高。叶长椭圆形，叶尖较长而钝，叶基卵圆形，叶色浓绿，叶肉厚而软，叶面显著隆起，叶缘微卷，锯齿大而浅，主脉明显。芽头粗壮，芽黄绿色，密披茸毛，萌芽力强。新梢一年萌发5轮，全年可采茶28次。一芽二叶平均重0.62克，产量较当地品种高37%～65%，六年生茶树亩产鲜叶330千克，成茶条索粗壮，白毫显露，色泽乌黑褐润，滋味强烈，汤色浓艳，香气高锐。一芽二叶蒸青样含茶多酚33.76%、咖啡因4.06%、氨基酸1.66%、儿茶素总量182.16毫克/克、水浸出物48%。1984年审定为国家级良种。

2. 勐海大叶种

植株乔木型，早生种。树姿开展，生长势强。叶长椭圆形，叶尖渐尖，叶肉厚，叶质柔软，叶色绿，叶面隆起，叶缘微波。芽头肥壮，黄绿色，密披茸毛，持嫩性强。采茶期从2月下旬至11月下旬，新梢一年萌发5～6轮，全年采茶25～26次，产量高，一芽二叶平均重0.66克，易采摘。一芽二叶蒸青样含茶多酚32.77%、儿茶素总量181.72毫克/克、氨基酸2.26%、咖啡因4.06%、水浸出物46.86%。1984年审定为国家级良种。

二、热带雨林气候孕育丰富内含物

从普洱茶的"家谱"可以看出，优良的遗传基因使普洱茶的原料具有外形粗壮肥大，内含水浸出物、茶多酚、氨基酸、可溶糖含量高，氧化基质丰富的先天优势。在普洱茶的初、精加工和贮藏过程中，由于外界湿热作用和长时间的自身氧化、聚合，茶叶由鲜爽、浓烈及刺激性强逐渐转化为持久陈香、醇厚甘滑的香味特征。原料茶所特有的粗涩和日晒气完全消失，代之以类似芷兰和樟木样的幽香，入口后，喉韵十足，齿颊留香，让人印象深刻。

三、普洱茶醇和回甘与儿茶素、糖类大量降解有关

通过日本黑茶、广西六堡茶与云南普洱茶比较发现，普洱茶醇和回甘滋味与茶叶中儿茶素、糖类氧化降解有密切关系。日本名古屋女子大学将积祝子教授曾对普洱茶及几种黑茶的游离还原糖等成分进行分析，发现云南普洱茶及沱茶由于渥堆及仓贮，茶叶中儿茶素及糖类显著氧化降解，与六堡茶比较尤为显著。

普洱茶与其他黑茶渥堆、仓贮过程中成分变化比较

茶类	全氮（%）	儿茶素总量（%）	咖啡因（%）	可溶性糖（毫克／100克）	还原糖（%）	维生素C（毫克／100克）	氨基酸（毫克／100克）	灰分（%）
普洱散茶	4.41	5.91	3.40	20.30	0.90	10.0	152.78	6.72
普洱沱茶	4.06	3.10	2.62	36.10	0.44	16.0	78.41	5.96
六堡茶	5.02	7.50	3.53	42.20	1.44	—	159.30	—
日本黑茶	3.51	2.02	2.73	23.54	1.31	17.6	55.77	7.10

资料来源：《日本农艺化学会志》。

四、独特陈香与次生代谢关系密切

采用气相色谱与质谱（GC-MS）联用以及核磁共振波谱仪（NMR）对不同品种的普洱茶原料和制品香气成分进行定性—定量分析，结果表明：普洱茶的独特陈香与云南大叶种鲜叶中丰富的糖类及次生代谢产物有关。乔木型云南大叶种普洱茶芳香油总量与中、小叶种无显著差异，但香气成分组成增加20%，具有樟香及陈香特征的香气n-壬醛（n-Monanal）、氧化芳樟醇（Ⅰ）（Linalool oxidt Ⅰ）、氧化芳樟醇（Ⅱ）（Linalool oxide Ⅱ）、n-癸醛（n-Decanal）、芳樟醇（Linalool）、1-乙基-2-甲酰基吡咯（1-Ethyl-2-Formylphyole）、苯乙醛（phenylacetaldehyde）等16个组分含量明显高于中、小叶种。而这些组分多数为形成茶叶陈醇甜香及甘醇滋味的重要组成。生长树龄愈长的大茶树，这一类次生代谢物质含量和组分愈丰富。无论是不饱和脂肪酸代谢产物，还是氨基酸降解产物以及多萜类氧化降解产物，都对普洱茶深沉细腻的香韵产生十分微妙的影响。

普洱茶原料与制成品之间香气组成和含量有明显变化，尤其制成品较原料组分增加25%。同时，没食子酸和二甲氧基苯的增加，对增加茶汤滋味的醇厚度以及改善普洱茶的功能都有影响。而乔木型老树云南大叶种因其次生代谢产物和多糖类物质种类更丰富，表现尤为突出。

五、渥堆（熟成）动力

红茶制造中儿茶素氧化聚合的动力是多酚氧化酶等酶系的作用，但普洱茶原料初制过程中酶活性已基本被抑制，引起儿茶素剧烈氧化的直接原因是茶在堆积中微生物代谢的生物热化学反应。

从下图可以看出，在普洱茶渥堆过程中，茶叶要经过4次以上"翻堆"。这主要是因为湿热条件下茶堆中多种益生菌大量繁殖，其呼吸作用加强，堆温不断升高，最高可达60℃以上。为了保证微生物正常代谢和茶叶中香味成分的温和转化，必须用"翻堆"来控制堆温、pH和相对湿度等。

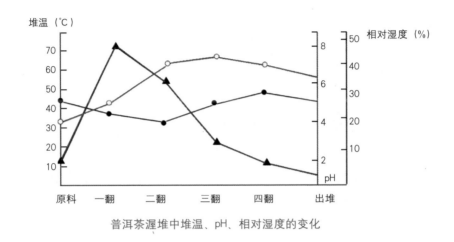

普洱茶渥堆中堆温、pH、相对湿度的变化

渥堆的场所要清洁，无异味，无日光直射，室温保持在25℃以上，相对湿度在85%左右。将茶叶分级堆在篾垫上至一定厚度，喷水，上盖湿布，并加覆盖物，以保湿保温，促进化学变化。

一般认为，在渥堆中起主要作用的是水热作用，同时也不否认微生物和酶的作用。水热作用的主要方向是增加茶坯水分。如含水量过低，堆温就不容易升高。随着堆温的升高，化学变化加速进行，因而茶坯的色、香、味也发生明显的变化。

对渥堆过程水热变化的监测及微生物分离鉴定结果表明，大量益生菌在渥堆中先后出现，并使其代谢所产生的呼吸热对堆温及湿热条件产生积极的影响。而充作培养基的普洱茶原料中的糖类、纤维素，给微生物提供了充足的碳源和氮源，同时促进了自身的酵解与转化，为普洱茶滋味的改善打下基础。

普洱茶渥堆中微生物种类及数量

单位：个

工序	黑曲霉 (*Aspergillus Niger*)	棒曲霉 (*Aspergillus Clauatus*)	根霉 (*Rhizopus Chinehsis*)	灰绿曲霉 (*Aspergillus Glaucus*)	乳酸菌 (*Loctobacillus Thermophilus*)
原料					
二翻 (渥堆14日)	8×10^6			2.5×10^6	
三翻 (渥堆22日)	7.5×10^5	1×10^5	1×10^4		
四翻 (渥堆28日)	4.5×10^5			2×10^5	2.5×10^6
出堆制品	1×10^4	1×10^4	0.3×10^4	3×10^4	

六、切油化脂保健原理

清代赵学敏在《本草纲目拾遗》中说："普洱茶膏黑如漆，醒酒第一；绿色者更佳，消食化痰，清胃生津，功力尤大也。"流行病学通过动物实验、临床验证等方法，对普洱茶的降脂、减肥、预防糖尿病、前列腺肥大以及抗菌消炎的功能进行调查。日本自然疗法医学专家饭野节夫、增山一郎教授等在临床实践基础上创立了"普洱茶健康活用法"。法国国立健康和医学研究所等机构的研究也证明了云南普洱沱茶的降血脂、降血尿酸、调节胆固醇平衡、醒酒、减肥、促进代谢等功能。日本静冈县立大学富田勋、佐野等用普洱茶做小鼠防治高胆固血症实验结果表明，无论贮存2年或是20年的普洱茶，在6～8周后有关指标均显著下降。

西南大学茶叶研究所与中国人民解放军301医院、第三军医大学等医学机构合作，对普洱茶多糖降脂作用、老年性高胆固醇血症治疗作用及其安全性等进行了较深入研究，取得重大进展。如对普洱茶急性毒性（LD_{50}）实验表明，普洱茶的急性毒性为每千克体重9.7～12.2克，比对照的烘青绿茶的急性毒性（每千克体重7.5克）还小，根据世界卫生组织推荐的毒理学标准，属于安全无毒范围。

第六节

花茶"沁人心脾"之道

有诗曰："洁白清香玉无瑕，夜半吐蕾暗香发。碧潭飘雪人人爱，茉莉花茶进万家。"

花茶窨制是利用鲜花吐香和茶坯吸香，形成特有品质的过程。其基本原理是把鲜花和茶坯拼和，在一定条件下，利用鲜花吐香的散发特性和茶坯纳香的吸附性，达到茶引花香、增益茶味的目的。花茶窨制不仅要研究茶坯的吸附作用，还要研究鲜花吐香规律。

一、茶叶的吸附作用

固体表面的吸附作用，就其作用的本质，可以分为物理吸附和化学吸附。物理吸附多在低温条件下发生，其吸附热量速度快，吸附物质与表面之间的作用力很小，不需要显著的活性能。另外，物理吸附可以在任何表面上发生而没有选择性。化学吸附放出的热量比物理吸附多。在吸附剂表面和被吸附分子之间建立了较强的化学键，类似表面化学反应。在大多数时间，低温时化学吸附速度慢，随着温度的升高，吸附速度增加。化学吸附是一个需要活性能的过程且有其选择性。

茶叶是一种组织结构疏松而多孔隙的物质，从表面到内部有许多毛细管孔隙，构成各种孔隙的各个表面。从表面上看，茶叶的表面面积不大，但从微观上看，许许多多孔隙管道内壁的表面积累加起来，比肉眼直观所见的茶叶表面面积大许多倍。这就决定了茶叶具有很强的吸附性。

此外，茶叶含有烯萜类、棕榈酸等吸附性能很强的物质，能有效地吸附香气，是一种良好的定香剂，可以使芳香物质不致很快挥发。

茶叶的吸附作用主要是物理吸附，能吸附任何气体，且对被吸附物质无选择性。同时，这种吸附作用是可逆的，在一定条件下能够把所吸附的物质逸出（即"解吸"）。

茶叶的吸附作用大致可分为三个过程。外扩散：吸附质气体、挥发性芳香油物质和水蒸气向茶叶表面的扩散；内扩散：吸附质气体沿着茶叶的孔隙深入至吸附表面（孔隙内表面，或称孔表面）的扩散；茶叶孔内表面的吸附：一般来说，吸附作用的最后一个过程是很快的。

在茶叶加工或贮藏过程中，茶叶吸附空气中的水蒸气或异味，就会使茶叶含水量增加或沾染异味；茶叶与香花混合，就会吸附花香而成花茶。

桂花红茶

二、窨茶香花吐香规律

所谓窨茶香花之香，是香花内含有的芳香油挥发出来的馥郁芬芳的香气。花茶加工就是将茶、花拼和，利用茶叶的吸附性与鲜花吐香的特性，使茶叶吸附花香而达到增益茶味的目的。

芳香油在香花内存在的状态、性质各不相同，因此，各种鲜花吐香的习性也不同。如茉莉花的吐香与鲜花的生命活动密切相关，而白兰、珠兰、玳玳等香花的吐香主要依赖于温度。加工花茶，必须掌握好香花吐香的规律，采取有效措施，创造有利条件，促进香花吐香，充分利用花香，提高花茶品质。

茶用香花的种类，按其香精油挥发的特性来分，大体可分为气质花和体质花两类。

茉莉花属气质花。其香精油物质是以糖苷类的形态存在。随着花蕾的成熟、开放，经过酶的催化，其氧化和糖苷水解成芳香油和葡萄糖，葡萄糖氧化分解成水和二氧化碳，并放出热量，促进芳香油的形成和挥发。茉莉花蕾离体后，花蕾逐渐开放，并不断吐香。因此，在茉莉花采收、运送过程中，要防止机械损伤，以保持新鲜度；进厂后，必须做好维护处理工作，促使茉莉花开放均匀一致、吐香浓烈。

茉莉花从开始吐香到吐香结束，延续14小时左右，但要有一定的外部条件，如适宜的空气温度、相对湿度和气流速度。温度以35～37℃为宜，在此范围内，茉莉花开放得较快，开放率高而均匀，花色洁白，香气浓烈；35℃以下开放迟缓；37℃以上开放较差。相对湿度超过90%时难以吐香，低于70%则开放迟缓。气流凝滞时，氧气不足，对茉莉花吐香不利。但若气流过快，茉莉花水分蒸发过快，将延迟开放吐香。香花苷类等内含物是形成芳香油的基质，在外界温度条件的控制下发生变化。当外界温度较高时，酶的活性加强，苷类被水解为香精油和葡萄糖。葡萄糖氧化后分解成水和二氧化碳并放出热量，使香花周围温度上升，在一定范围内（45℃以下）不断促进香精油的形成和挥发，直至香花凋谢为止。为了保持香花的正常开放和吐香，对温度的控制最为重要。茉莉花进厂后，若温度高，应降低室温，并采取摊花措施降低花温；若温度低，就要提高室温，并采取堆、盖措施来提高花温，促进花开放得匀齐。

白兰、珠兰、玳玳花等属体质花。其香精油物质以游离状态存在于花瓣中，其挥发与香花生理活动关系不大，不需要像气质花那样采取促进开放的措施。影响吐香的外部条件主要是温度。温度越高，芳香物质扩散的速度越快，挥发得也越快。如白兰花在切轧或折瓣后，芳香物质很快挥发出来，所以要采取边轧边窨的技术措施，让茶坯迅速吸附花香，防止香气损失。玳玳花则采取加温热窨，利用较高温度使香精油挥发。

体质花在处理中，主要是保持香花的新鲜度。因此，香花进厂后，要迅速薄摊，防止发热。带有表面水的香花，更应薄摊，散失表面水后才能付窨。如果体质花已经开放，香气就较差，但仍可窨制花茶。

三、窨茶香花的主要种类

1.茉莉花

木樨科，茉莉属。花瓣白色，主要有单瓣茉莉、双瓣茉莉和多瓣茉莉三种。香气清高芬芳，花色洁白，窨制花茶品质优良，深受欢迎。茉莉花期较长，全年分为三期：第一期自小满后数天起到夏至，此间所开的花叫春花，又因正值梅雨季节，也叫梅花。这期花身骨轻而软，香气欠高，花量不多，品质较差。第二期自小暑至处暑，这段时期正值伏天，因而所产之花叫伏花。由于气候炎热，少雨，花重香高，质量最好，产量高，占全年总产量的60%～70%。第三期自白露至秋分，所产之花称秋花，产量和品质均次于伏花。

2. 白兰花

也称玉兰。木兰科，白兰属。花白色，花瓣狭长而厚，呈九片三轮排列。香气高浓。窨花用量较少。花期最长，在我国南方地区，几乎终年不绝，是其他香花所不及。一般开花期为4—11月。以5—6月的花品质最好，8—9月的花香气较低。质量标准：正花，要求朵朵成熟，朵大饱满，花瓣肥厚，色泽乳白鲜润，香气鲜浓，花蒂短，无萼片、枯叶等夹杂物，当天早晨采摘。

3. 珠兰花

又称珍珠兰、鱼子兰。金粟兰科，金粟兰属。花苞小粒，色黄绿，开花后逐渐变成金黄色，为穗状花序。香气清雅而持久。花期因地区而异，在安徽歙县，大致在5—8月；在福建福州一带，为4—8月。花性娇弱，管理工作难度较大。质量标准：正花，要求花穗生长成熟，花粒饱满丰润，色泽绿黄，香气清雅鲜浓，花枝短，无花叶及其他夹杂物，当天中午前采摘；次花，花穗未充分成熟，花粒小，色泽青黄，香气较低淡，花粒开放或脱落。

4. 玳玳花

芸香科，柑橘属。花白色，香气浓烈。既可用来窨制花茶，也可烘干与茶叶一起冲泡饮用。花性温和，可以祛寒，既是一种茶用香花，又是一种暖胃剂。清明前后开放，花期一个月左右，几乎集中在4月上旬。质量标准：正花，要求朵朵成熟，大小均匀，色泽洁白鲜润，香气鲜浓，无枝叶、花果等夹杂物，当天采摘；次花，花朵未充分成熟，大小不匀以及雨湿花、未开花、隔夜花和其他质量较差的花。

四、茉莉花茶窨制工艺

茉莉花茶的传统加工工艺较为复杂，其工艺流程包括茶坯处理、鲜花处理、茶花拼和、静置窨花、通花、续窨、起花、烘焙、新窨、提花、匀堆、装箱等十余道工序。

1.茶坯处理

窨制花茶的茶坯在窨前必须进行处理，目的是控制茶坯的水分与温度，以适应窨制的工艺要求，提高茶坯的吸香能力并促进香花香气的挥发。

茶坯处理主要是复火干燥和摊凉降温。复火采用烘干机，掌握高温、快速、安全的烘焙原则。进口风温120～130℃，摊叶厚2厘米，采用快盘，历时10分钟，既可达到充分干燥，又不损伤茶坯内质。复火切忌温度过高，以免产生老火味或焦味。烘后茶坯含水率控制在3.5%～5.0%，高级茶坯窨次多，茶坯含水率要求较低，控制在3.5%～4.0%；中级茶坯窨次较少，茶坯含水率可略高，掌握在4.0%～4.5%；低级茶坯只窨一次，含水率以4.5%～5%为宜。

复火后坯温可高达80～90℃，不能立即窨花。因为高温会损害香花的生机，使其降低或丧失吐香能力，产生不良气味，使花茶品质劣变。复火后要立即充分摊晾，否则有损香气的鲜灵度。

2.鲜花处理

窨制茉莉花茶的鲜花主要是茉莉花，也有以少量白兰鲜花打底的。

茉莉花对环境条件的变化十分敏感，高温高湿或机械损伤都将使其生机衰退，丧失吐香能力。因此，对茉莉花的采运必须有严格的管理，在付窨前须对鲜叶做必要的处理。

茉莉花具有夜间开花的习性，因此，于当天下午2—5时采摘的花比较成熟，产量高，质量好。采花应选择朵大、饱满、洁白、当晚可开放的含苞待放的花蕾，带萼采下，不带茎梗。

茉莉花含水率极高，一般在80%以上，最高可达86%。花瓣细嫩而薄，损伤后极易变红，采运时要特别小心，切勿挤压。装运采用透气箩筐最佳，也可采用尼龙纱网，通气良好，有利于热量散发。

验收进厂后，应及时摊花散热，降低花温，散发青气与表面水，以保持旺盛生机。摊花场所要求清洁、阴凉、通风。摊放时按品种、产地、品质、采摘时间分别摊放，厚度一般不超过10厘米。

3. 窨花拼和

窨花拼和，指把茉莉花与茶坯均匀拌和堆积，是影响窨制花茶品质的关键工序。

茶坯与茉莉花拼和应有一定比例（称配花量）。花量过多，茶坯无法充分吸收，造成浪费；花量过少，花茶香气不浓，品质不高。

茉莉花茶制作（卢燕　图）

窨次与配花量视茶坯品质高低而定。一般高级茶窨次多，配花量大；低级茶窨次少，配花量小。如三窨一提一级茉莉烘青配花总量与茶坯量几乎相等，而一窨一提中等茉莉烘青（每100千克茶坯）配花量约为30千克。近年来，花茶窨制提高配花量，有的名优绿茶配花量达到1：1，花茶成本大幅上升。

各窨次配花量，逐窨增加较逐窨减少的利用率高，花茶质量也较好。各窨次配花量无论从多到少或从少到多，茉莉花的减重率都是逐次减少，即利用率逐窨降低。

为了提高茉莉花茶香气浓度、改善香型，在窨花拼和前，一般先用白兰花打底。即在茉莉花窨前，先窨以少量的白兰花，使茶坯有了香气的"底子"。但白兰花用量要适当，若白兰花用多了，则白兰花香透露，香气欠纯（评茶术语称"透兰"）；白兰花少了，则香气欠浓，达不到要求。

茉莉花与茶坯拼和（刘波　图）

4.通花散热

把在窨的茶坯翻堆通气，薄摊降温，即通花散热。窨花时因茉莉花呼吸作用产生的热量不能充分散发，茶坯在吸收香气的同时吸收了大量水分，构成适宜自动氧化的条件，坯温不断上升。这种温度的升高，一方面促进花香进一步挥发，有利于茶坯的吸收；另一方面温度超过一定限度，将加速茶坯内含物的转化，加深茶汤和叶底的色泽，同时影响茉莉花吐香，降低花茶品质。因此，在窨花过程中，要适时及时进行通花散热，充分供给新鲜空气，使暂时处于萎缩状态的香花恢复生机继续吐香，提高香气的鲜灵度。通花方法是把在窨的茶堆散开摊凉，厚度约10厘米，每隔10~15分钟开沟翻动一次，约经30分钟，使在窨品温度降低到35~38℃，以散发窨堆内热量和水闷气，防止鲜花和茶坯变质，促进茶坯继续吸香。

通花要适时。过早通花，茶味与花香不调和，而且香气不纯，甚至产生劣变气味。通花散热的温度，应视茶坯质量掌握。高级茶坯通花散热的温度宜低，以保持高级品质；低级茶坯则相反，通花温度宜高。一般高级茶以及名茶用箱窨，其目的也是使堆内温度不致过高，以便获得滋味可口、香气鲜灵的品质。对比较粗老的、有烟味或老火味的茶坯来说，通过高温湿热作用，茶味会有所改善，如涩味减少，烟味减轻，醇味增加。

5. 收堆续窨

通花散热后，当窨品温度下降到35~38℃时，为使茶坯继续吸收花香，须将所摊开的在窨品重新堆放在囤内或箱内，这个过程叫收堆续窨。收堆温度不能低于30℃，否则不能更好地促进茉莉花继续吐香和茶坯充分吸香，造成花茶香气欠浓；但也不能过高，如高于38℃，会使续窨时茶堆温度偏高，影响花茶的鲜灵度。

收堆续窨在囤内或箱内，静置3~5小时，在窨品温度又上升到40℃左右时，如茉莉花仍然鲜活，则应进行第二次通花散热；如茉莉花大部分已萎蔫，花色由洁白变为微黄，香气微弱，即可停止续窨。

6. 起花去渣

窨花后经过一段时间，花的香气已大部分为茶坯吸收，花呈萎缩状态直至死亡。这时如不及时起花，在水热条件下，花会发酵、腐烂，影响花茶品质。因此，必须立即筛出花渣，这一工序称为起花去渣。但也有的花渣留在茶叶内，没有不良影响，如珠兰花就不必起花，可随茶叶一起上烘复火。

7. 复火干燥

操作方法与茶坯复火基本相同。只是经窨花后的茶坯，在吸收香气的同时，也吸收了大量的水分，含水率较窨前茶坯高。一般头窨后，茶坯含水量在16%~18%，同时还有一定的温度，极易氧化变质，因此必须及时进行复火干燥。头窨复火的烘干机温度，一般掌握在110~130℃，二、三窨复火温度掌握在110~120℃。复火后茶坯含水量应比窨花前增加0.5%~1.0%，二窨以上茶坯复火后的含水量，也要逐窨增加0.5%~1.0%，以免窨花时吸收的香气，在复火干燥时大量损失。

复火后，必须及时薄摊冷却，为了保持香气鲜纯，不可"热茶闷装"。

8.提花拼和

所谓提花，就是用少量的茉莉花再窨一次，增强花茶的表面香气，以提高花茶的鲜灵度。提花对茉莉花质量要求更高，如粒大而饱满、花色洁白、非雨水花等。

提花拼和的操作与窨花拼和基本相同，只是配花量少，中途不需通花散热。提花拼和入囤或箱后，经9~10小时，坯温上升到40~42℃，花坯色泽呈黄褐色时，即可筛出花渣、包装出厂。

提花后，为保持香气鲜灵，一般不再进行复火。提花量计算公式为（以提花前每100千克产品计算）：

$$提花量（千克）= \frac{提花后产品规定含水率（\%） - 提花前茶坯含水率（\%）}{鲜花在提花过程中的减重率（\%）} \times 100$$

在提花过程中，茉莉花减重率约40%。

9.匀堆装箱

经提花、起花后的成品茶，应及时匀堆。边起花边装箱，虽可提高功效，但不经匀堆，成品含水量和香气的分布不够均匀，质量难以保证。匀堆还可把几批含水量稍高或稍低的同级成品按比例拼配，使其符合出厂标准；取长补短，提高产品质量。当天起花、匀堆后的成品茶，最好做到当天过磅、装箱，以免香气散失和吸湿受潮。

第三章 / 茶叶审评与品质管理

我国产茶历史悠久，于汉代实现商品化生产，历代都重视茶的品质鉴赏。唐代文学家白居易（772—846）任四川江州司马时有诗《谢李六郎中寄新蜀茶》：「不寄他人先寄我，应缘我是别茶人。」「别茶人」，就是评茶师的古称。

第一节

茶叶审评原理与意义

茶叶的审评由来已久，早在唐代，陆羽将当时的茶分为八等，指出"若皆言嘉及皆言不嘉者，鉴之上也"，即鉴评茶叶的准则是全面客观地指出茶之优缺点。他又在《茶经·八之出》中评价各茶区茶叶品质之高下，如其中说道："山南，以峡州上，襄州、荆州次，衡州下，金州、梁州又下。"茶叶审评与茶叶的加工、流通与鉴赏等方面息息相关，具有重要的意义与价值。

茶叶鉴评是人们利用自身感觉器官（五官）对茶叶的形、色、香、味作出客观评价的过程。评茶技术的高低首先取决于自身对茶特征特性的了解；其次是长期评茶实践练出的灵敏"五官"，包括敏锐的嗅觉、灵动的味觉、老练的触觉、智慧的大脑，从而快速准确地对茶叶品质作出判断。

以嗅觉为例，如下图所示，由人体鼻腔深处的嗅细胞接收茶香的刺激，由嗅神经把刺激信号直接传到大脑的杏仁核、海马体，经新皮质的嗅觉中枢将信息与记忆中的气味进行比对，以确认气味性质和种类。相比经过视丘、新皮质才进入边缘系统的视觉和听觉，反应更快。

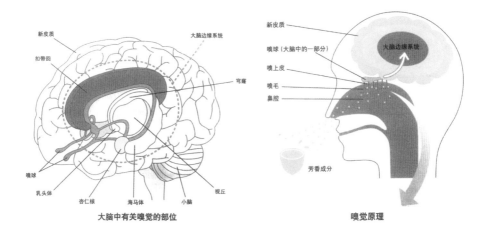

大脑中有关嗅觉的部位   嗅觉原理

大脑构造及嗅觉原理
（图引自〔日〕和田文绪《芳香疗法教科书》）

在茶叶初制和精制过程中，按工序进行必要的审评，可以找出各项工艺技术的优缺点，及时加以改进，有助于提高毛茶和成品茶的品质。在茶叶贸易工作中进行品质审评，可以按质论价，正确贯彻执行茶叶的价格政策，处理好国家、集体和消费者之间的关系。同时，根据鉴评结果，可以提出制茶改进意见，推动茶企加强质量管理，提高产品质量。

第二节

茶叶审评环境与装备

古人曰："工欲善其事，必先利其器。"若要进行客观公正的鉴评，评茶人必须选择一个无噪声和污浊空气干扰的室内环境，邀约三五同道中人一起使用一套规范的评茶工具，进行茶叶品质鉴评。

茶叶审评

1. 室内环境

最好是专用评茶的场所。鉴评室与容易产生异味的化工厂房、厨房、卫生间等不宜靠得太近，以防异味污染；最好设在楼上，以防茶样受潮，以坐南向北为宜。室内宽敞、明亮，要求层高3米以上，墙面和天花板、门窗和贮茶柜涂成白色或乳白色为宜。在窗户外面上方装置黑色遮光板，以免看茶时受太阳直射光线的影响。室内要求清洁、干燥，保持空气流通，避免烟、油、腥、臭、辣等异味进入。室内面积以30～50米²为宜。为避免异香干扰，鉴评室周围最好不要种植气味浓烈的香花；评茶人也不要使用化妆品及香水，不吸烟。

2. 鉴评工具

干看评茶台：设在北面窗口前，台桌一般长1.6米，高1.0米。桌面以黑色为宜，以免光线反射刺眼，影响审评效果。

湿看评茶台：设在干看评茶台后面，两台间隔1米左右。台长1.8米，宽45厘米，高92厘米。台面四边框高5厘米，左右各有一个缺口。台面以白色为宜。

审评杯、碗：多为特制的白瓷杯、碗，有两种规格。大的一种用于审评毛茶和边销茶，审评杯容量为260毫升，口径8.5厘米，高8.0厘米，有盖；审评碗容量为260毫升，口径11.0厘米，高6.0厘米。小的一种用于审评成品茶，审评杯容量为150毫升，口径6.2厘米，高6.6厘米，有盖；审评碗容量为150毫升，口径9.3厘米，高5.3厘米。

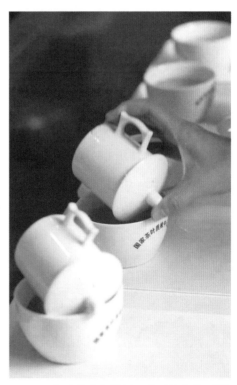

茶叶标准审评杯、碗（林燕萍 图）

样茶盘：用于看干茶外形，有正方形和长方形两种。正方形样盘的规格是长、宽各23厘米，边高3厘米；长方形样盘的规格是长28厘米，宽16厘米，边高3厘米。均以白色为宜，有利判断茶叶的色泽。样茶盘的一角开一缺口，口径上大下小，以便倒茶。以正方形为好，有利于茶样筛选混合。

叶底盘：木质，黑色，开汤后审评叶底用。正方形，长、宽各10厘米，高1.5厘米。此外，还有长方形的白色搪瓷盘，长22厘米，宽15厘米，高4厘米，比用木质叶底盘看叶底更清楚。

叶底盘（林燕萍　图）

样茶秤：精度为1%的普通天平称茶较为方便。使用前需校正螺旋活动游码，使指针正指"0"位刻度。为了称茶方便，可不使用游码，将3克砝码放在左面的托盘内，右面的托盘放茶，这样便于观察天平的指针位置，提高评茶速度。

沙时计或定时钟：泡茶计时用。

茶匙：选用大小适中的白瓷汤匙，用以品尝茶汤滋味。搪瓷、镀镍铜匙，因导热太快而不适用。

网匙：用铜丝网制成，用于捞取茶汤中的茶末。

水壶：以304不锈钢质为好，无金属味，铜质和铁质的都有金属味，不宜采用。目前普遍用电茶壶，既清洁又方便。

茶盅：设计尺寸要合适，过高不方便，过低则茶汤易溢出。

第三节

茶叶审评标准

俗话说："没有规矩不成方圆。"茶叶审评的规矩是"对样评茶，按质论价，好茶好价，孬茶低价"。所谓"样"，就是茶叶"标准样"，即根据国家有关政策、法规和市场需求，由国家标准管理部门制定并核准实施的茶叶"实物标准"与"文字标准"。茶叶标准分为国家标准（GB级）、行业标准（NY级）、地方标准（CB级）及企业标准四大类。国家标准是最基本、最重要的标准，分为强制执行和推荐执行两种。

"对样评茶"是评茶工作必须遵守的基本原则。在茶叶制造、茶叶贸易领域，是将产品与样茶（加工标准样、收购标准样、贸易样、合同成交样）进行对照评比；在茶叶科学研究领域，是将试样与对照样（或者是不同处理的试验样）之间对照评比。"有比较，才有鉴别"，如果没有对比的样茶，就失去了区分品质高低优次的准绳。各种标准样茶是正确贯彻国家价格政策的实物依据，所以是否实行"对样评茶"应该认为是一个是否认真执行"按质论价"政策的原则性问题。但是在具体执行"对样评茶"中又有一定的灵活性。譬如严格对样评比的结果，产品的有些品质因子高于标准样，有些因子低于标准样，按规定一般红绿毛茶采取外形内质"综合定级计价"的办法；如果平均计算结果在两等之间或半级之内，允许就高不就低，"靠上评定"。这种"综合平均"和"靠上评定"，就是在"对样评茶"原则下的灵活变通。

一、实物标准样的执行

鉴定茶叶品质，目前主要是依靠评茶人的经验，对照实物标准样进行比较。现行的实物标准样是在评茶经验的基础上建立并在使用过程中逐步完善的。评茶工作者经过较长时间的实践，在头脑里会形成一种识别品质高低的概念，这种概念是实践过程中产生的"经验标准"。我们在评茶时既要根据实物标准进行对样评比，又要运用经验标准来衡量差距的大小，两者是相互依存和相互贯通的。如果只有实物标准而缺乏经验标准，就不可能进行正确评茶。反之，如果脱离实物标准而只凭经验标准评茶，也不可能做到准确定级。春茶与夏秋茶之间无论外形和内质都有一定差别，陈茶与新茶之间在品质上也有一定的差别，所以在对样评茶时不能机械地与实物标准比较，只有结合经验标准，才能解决这些矛盾，在标准样制定之后，经验标准就成为非常重要的评茶技术条件。感官鉴评又叫"经验评茶"，即由此而来。

目前红茶加工验收统一标准样只有（外形）样，而无分档（内质的高、中、低档）样，采用评分计价的办法。执行这种办法时，经验标准起主导作用，实物标准在衡量产品质量方面起不到重要作用。又，现行红茶加工验收标准样是采取一年制样多年使用的办法。标准样茶越陈，对新茶产品就越难发挥衡量品质的作用，特别是在内质方面，几乎全靠经验标准来评茶定档和给分。以上这些标准样的代表性问题，给掌握评茶技术和正确执行价格政策带来了不少困难，亟待解决。

二、评茶术语的使用

评茶术语是记述茶叶品质感官鉴定结果的专业用语。运用简明的词语来记录被评茶叶的品质状况。如评定红茶叶底时使用"花青"这个术语，可代替"揉捻不足、发酵不匀、夹有青斑和绿块"这样具体而复杂的记述。

评语有等级评语和对样评语之分。等级评语具有级差的特性，上一级茶的评语，一定高于下一等级，以绿茶珍眉的外形条索为例，如特级茶用"细嫩显毫"，一级茶则用"紧细匀齐"，二级茶用"紧实匀整"，等等，主要是表明每个级别的品质要求和品质特征。对样评语是对某一评比样（包括标准样）的优点或缺点的记述，也是评茶人员最常用的评语。一般情况下，两种评语以通用为多。感官评茶的内容，通常分为形状、香气、滋味、水色、叶底五项，每个项目又包含若干决定或区别优次的品质因素。如形状一项中，含有粗细、长短、松紧、整碎、壮瘦、弯直、圆扁、轻重、老嫩等，在评形状时，还包括形状的色泽和匀净度，如润泽、匀净、花杂等反映品质情况的因素。

评茶术语有的专用于一项品质，有的则可互相通用。如"醇正""醇和"只适用于滋味，"纯正"既可用于滋味又可用于香气；"柔嫩"只能用于叶底而不能用于外形，而"细嫩"则可通用。

评茶术语有的属褒义词，但用于另一种茶则属贬义词。如条索"卷曲"，对碧螺春和峨蕊等茶是好的品质特征，但对银针和眉茶等则属缺点；"扁直"对龙井茶和大方茶是应具的品质特征，但对其他红绿茶则属缺点；"焦香""陈味""松烟味"等对一般茶类均属缺点，甚至属劣变，但普洱茶和六堡茶则必须具有陈香味，小种红茶和黑毛茶以具有松烟香味为特点。因此，使用评茶术语，既要对照实物标准来准确评比，又要根据各种茶类及其品质特点，结合在长期评茶工作中形成的经验标准，作出正确的结论。

三、茶叶理化标准

随着现代科学技术的进步，在微量、超微量分析仪器的支持下，茶叶理化指标标准已逐步完善。

其中，绿茶有GB/T 14456系列国家标准6项，红茶有GB/T 13738系列国家标准3项，乌龙茶有GB/T 30357系列国家标准7项，黄茶有GB/T 21726国家标准1项，白茶有GB/T 22291和GB/T 31751国家标准2项，黑茶及黑茶制作的紧压茶有GB/T 32719系列和GB/T 9833系列国家标准14项，富硒茶有行业标准2项，再加工茶有国家标准4项，花茶有国家标准1项。此外，还有地理标志产品国家标准15项、茶叶相关的质量认证产品标准2项以及大批茶叶产品的地方标准。

各类产品标准中理化指标要求不一，普遍均有对水分、总灰分、水浸出物和粗纤维的要求，部分还对碎茶、粉末、酸不溶性灰分、水溶性灰分、茶多酚和儿茶素等有要求。部分绿茶标准对游离氨基酸总量有要求，黑茶标准往往还对茶梗、茶梗中长于30毫米的梗含量和非茶类夹杂物有要求，再加工茶标准对粒度有要求，花茶标准对非茶非花类物质和花干（含花量）有要求。

无论国家级、行业级、地方和企业标准都有指定并经过审批的代码，有关部门、第三方检测机构、企业都必须严格执行。部分茶叶国家级（GB）标准举例如下：

部分茶叶国家级（GB）标准举例

标准号	标准
GB/T 14456.1—2017	绿茶 第1部分：基本要求
GB/T 14456.2—2018	绿茶 第2部分：大叶种绿茶
GB/T 14456.3—2016	绿茶 第3部分：中小叶种绿茶
GB/T 14456.4—2016	绿茶 第4部分：珠茶
GB/T 14456.5—2016	绿茶 第5部分：眉茶
GB/T 14456.6—2016	绿茶 第6部分：蒸青茶
GB/T 13738.1—2017	红茶 第1部分：红碎茶
GB/T 13738.2—2017	红茶 第2部分：工夫红茶
GB/T 13738.3—2012	红茶 第3部分：小种红茶

标准号	标准
GB/T 30357.1—2013	乌龙茶　第1部分：基本要求
GB/T 30357.2—2013	乌龙茶　第2部分：铁观音
GB/T 30357.3—2015	乌龙茶　第3部分：黄金桂
GB/T 30357.4—2015	乌龙茶　第4部分：水仙
GB/T 30357.5—2015	乌龙茶　第5部分：肉桂
GB/T 30357.6—2017	乌龙茶　第6部分：单丛
GB/T 30357.7—2017	乌龙茶　第7部分：佛手
GB/T 21726—2018	黄茶
GB/T 22291—2017	白茶
GB/T 31751—2015	紧压白茶
GB/T 32719.1—2016	黑茶　第1部分：基本要求
GB/T 32719.2—2016	黑茶　第2部分：花卷茶
GB/T 32719.3—2016	黑茶　第3部分：湘江尖茶
GB/T 32719.4—2016	黑茶　第4部分：六堡茶
GB/T 32719.5—2018	黑茶　第5部分：茯茶
GB/T 9833.1—2013	紧压茶　第1部分：花砖茶
GB/T 9833.2—2013	紧压茶　第2部分：黑砖茶
GB/T 9833.3—2013	紧压茶　第3部分：茯砖茶
GB/T 9833.4—2013	紧压茶　第4部分：康砖茶
GB/T 9833.5—2013	紧压茶　第5部分：沱茶

第四节

茶叶审评方法与技巧

　　随着科技进步，采用物理方法（仪器）进行食品感官审评虽然快捷，但误差较大。因此，由有经验的专家采用感官鉴评，仍为全球普遍采用的评茶方法，具体分为干看外形和湿看内质两个步骤。不论干看还是湿看，都要对照标准样，审评外形和内质的各项品质因子，然后根据各项品质因子的审评结果，评定茶叶的优劣。

2010年香港国际名茶评比

一、审评茶叶品质的因子

分为外形和内质两大项。红茶、绿茶的外形因子有条索、嫩度、色泽和净度四项，内质因子有叶底嫩度、色泽和茶汤香气、滋味、颜色等项。红茶、绿茶的成品茶外形因子中无嫩度而有整碎一项，内质因子与毛茶相同。花茶的内质因子有香气的鲜灵度。边销成品茶的外形因子有形状、紧度、色泽、含梗量等，内质因子有滋味、香气、汤色、叶底等。

二、审评方法

干看，将扦取的小样倒入评茶盘上，数量150～200克，并把同等数量的标准样倒入另一评茶盘中，初步评比外形因子。将评茶盘筛转几圈，使大小、轻重和整碎不同的茶叶在盘中分开，较大的和较轻的浮在上面，较细小的和较重的沉在下面。先看上层的面张茶，再拨开面张茶看中段茶，然后看底层的下身茶。再把评茶盘筛转几圈，用三指抓一撮茶叶撒在另一

名优绿茶审评

空盘中，观察条索粗细松紧等情况。按外形各因子逐项与标准样比较，作出外形审评的结论。

湿看，又叫开汤审评，即将按规定数量称取的开汤样茶和标准样茶，分别倒入审评杯中，开水冲满，加盖浸泡3～5分钟后，将茶汤倒入审评碗中，随即将审评杯盖好。审评时先揭盖闻香气，再看汤色、尝滋味，然后将叶底倒在叶底盘上审评。按内质各因子逐项与标准样对比，得出内质审评的结论。

三、评定等级

综合干看和湿看的结论，根据权重分配打分（满分为100分），评定茶叶的等级。

按照规定，对各类毛茶的品质审评，实行干、湿兼看，外形、内质并重，综合评定等级的办法。对各类成品茶，如果外形和内质均高于或低于加工标准样茶时，则作升级或降级评定，不符合各级加工标准样茶品质者，不能出厂。

四、评茶实践技巧

茶叶的感官鉴评，除了要严格遵循国家、地方和企业制订的各种标准，评茶人员的实战经验与评茶技巧亦至关重要。

1.闻香

人的嗅觉虽很灵敏，但对嗅物容易产生嗅觉疲劳，因此，嗅觉的敏感时间是有限的。审评茶叶香气，在冬天要快，在夏天3～4分钟出汤后即应开始嗅香。最适合闻香的叶底温度是45～55℃，超过60℃会感到烫鼻，低于30℃会觉得低沉，对有微量烟气一类的异味就难以鉴别。嗅香最好持续2～3秒，不宜超过5秒或少于1秒。闻香时将杯盖微启，鼻孔接近杯沿吸气。呼吸换气不能让肺内气体进入杯中，以防异味或冲淡茶香。

2.看汤色

茶汤的色泽变化很快，特别是冬天评茶，随着汤温下降，汤色会明显变深。在相同的温度和时间内，红茶色变大于绿茶，大叶种大于小叶种，新茶大于陈茶。如冬天看红茶的汤色，因外界光线比夏天弱，以致茶汤的反射光也弱，容易把稍深看成深暗、稍浅看成红明。因此，看汤色时还要根据不同季节的气温、光线等因素灵活掌握。

3.尝滋味

舌头的不同部位对滋味的感觉是不同的，舌的中部对滋味的鲜爽度判断最敏感，舌尖、舌根次之，舌根对苦味最敏感。在评茶时，应根据舌的生理特点，充分发挥其长处。同时，评滋味时，茶汤温度、吞茶量、辨味时间以及嘴吸茶汤的速度、用力大小、舌的姿态等，都会影响审评滋味的结果。如评茶的茶汤温度以35～45℃为宜，高于70℃会感到烫嘴；低于35℃则显得迟钝，感到苦涩味加重，浓度增高。茶汤量以每次4～6毫升最合适，多于8毫升会感到满嘴是汤，难以辨味；少于3毫升又觉嘴空，不易辨别。这些都要在实践中摸索经验，以提高审评的准确性。

4. 看叶底

审评叶底嫩度时，要防止两种错觉：一是易把茶叶肥壮、节间长的某些品种特性误认为粗老条；二是陈茶色泽暗，叶底不开展，与同等嫩度的新茶比较，也常把陈茶评为茶老。在评定红茶时，对叶底的要求是次要的，有时可作为评定内质浓、强、鲜的参考。

5. 评外形

审评茶叶外形一般有两种方法：一种是常用的筛选法，但受筛选技巧、时间、速度、用茶量和抓茶量等因素影响，容易产生误差；另一种是直观法，即把茶叶倒入样盘内，再将茶样徐徐倒入另一样盘内，这样来回倾倒2～3次，使上下层茶样充分拌和，便能较准确地评定茶叶外形。

6. 对评茶者的要求

评茶者必须长期从事茶叶生产、加工、科研或教学工作，有较丰富的实践经验，严于律己，客观公正，工作、思想作风好。

评茶者应身体健康：嗅觉神经正常，无慢性鼻炎；视力正常，无色盲症；无慢性传染病，如肺结核、肝炎等；无口臭。此外，还应忌烟、酒。

评茶者应熟悉国家有关评定优质产品的政策规定，了解茶叶销售市场与饮茶者的习惯，能准确地评出产销对路的优质产品，并对制茶技术提出切实可行的改进意见。

评茶者在审评时，要集中精力，细致分析，反复比较，力求准确，评语恰当。

第四章 / 茶叶贮存理论与实践

茶叶是一种干燥、疏松、多孔隙物质，在常温下不易贮存，容易受到光线、空气、温度和湿度的影响。

第一节

环境对茶叶品质的影响

一、光对茶叶品质的影响

光对茶叶品质的影响甚巨，它可以加速茶叶营养成分的分解，使茶叶发生色泽、外观变质反应，主要表现在三个方面。

（一）维生素的光分解

维生素对光照（尤其是紫外线）敏感，表现为维生素B_2在水溶液中的光分解程度与pH的关系。如下表，维生素B_2的光分解程度随pH的升高而增加。当维生素B_2与维生素C共存时，维生素C可抑制维生素B_2的光分解，而维生素C则因与维生素B_2共存而容易分解，如绿茶经日光暴晒后维生素C明显减少，就是因维生素B_2促使维生素C的光分解。

维生素B_2在不同pH溶液中用人工光照30分钟后的留存率

溶液（pH）	维生素B_2留存率（%）	溶液（pH）	维生素B_2留存率（%）
4.0	42	5.0	40
4.6	40	5.6	46

溶液（pH）	维生素B₂留存率（%）	溶液（pH）	维生素B₂留存率（%）
6.0	46	7.0	27
6.6	35	7.6	20

（二）光对氨基酸、蛋白质的影响

氨基酸中因光引起分解的是色氨酸，经日光暴晒后而变褐，经紫外光照射可生成氨基丙酸、天冬氨酸、羟基邻氨基苯甲酸。另外，色氨酸、胱氨酸、甲硫氨酸、酪氨酸等与维生素B₂共存时，会引起光分解，但此光分解反应可在二氧化碳、氮气环境中得到抑制。

蛋白质也可因日光、紫外光照射而变化。酪蛋白在荧光物质存在下经日光照射后，其中的色氨酸分解，使其营养价值下降；经紫外光照射，表面张力减小，这是与热变性不同的一种蛋白质形态的变化。

普洱茶室内自然存放

（三）光照对茶叶的渗透规律

光照能促使茶叶内部发生一系列的变化，是因其具有很高的能量。在光照下，茶叶中对光敏感的成分能迅速吸收并转换光能，从而激发内部化学反应。对光能吸收量愈多、转移传递愈深，茶叶变质愈快。

综上所述，茶叶干燥后，应使用避光物料（如铝箔、瓦楞纸箱、麻袋及复合薄膜）进行包装，以妥善保存。

二、氧气对茶叶品质的影响

大气中的氧气对茶叶营养成分有一定破坏作用。氧气使茶叶中的不饱和脂肪酸发生氧化，这种氧化在低温条件下也能进行。氧化产生的过氧化物，不但使茶叶失去饮用价值，而且会产生异味、有害物质。氧气能使茶叶中的维生素和多种氨基酸失去营养价值，还能使茶叶发生褐变，茶色素褪色或变成褐色，大部分细菌由于氧气的存在而繁殖生长，致使茶叶变质。茶叶因氧气发生的品质变化程度与包装及贮存环境中的氧分压有关。

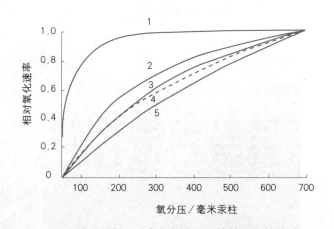

亚油酸相对氧化速率与氧分压、接触面积的关系

1.温度为45℃，摇动样品　2.温度为37℃，接触面积为12.6厘米^2　3.温度为57℃，接触面积为12.6厘米^2　4.温度为37℃，接触面积为3.2厘米^2　5.温度为37℃，接触面积为0.515厘米^2

注：1毫米汞柱＝133.32帕。

由上图可知，亚油酸的相对氧化速率随氧分压而变化，氧化速率随氧分压的提高而加快。氧分压对不同茶类的氧化规律不完全相同。此外，氧化还与氧气的接触面积有关，图中曲线2、4、5分别表示同一温度条件下亚油酸与氧气接触面积不同而产生的氧化结果，在氧分压和其他条件相同时，接触面积越大，氧化速度越快。此外，氧化程度与茶叶所处环境的温度、湿度和时间等因素也有关。

氧气对茶鲜叶的作用属于另一种情况。由于鲜叶在贮运、流通过程中仍在呼吸，以保持正常的代谢作用，故需要吸收一定数量的氧气而放出一定量的二氧化碳和水，并消耗一部分营养。

茶叶包装的主要目的，就是通过采用适当的包装材料和一定的技术措施，防止茶叶中的有效成分因氧化而造成品质劣化或变质。

但是，氧气在茶叶初制及品质形成中却具有十分重要的作用，如红茶、乌龙茶的"萎凋"及"发酵"，普洱茶的"渥堆"和"后发酵"，均与充足的供氧和促进氧化酶活化有密切关系，所以氧气在茶叶制造和贮藏保鲜中发挥着完全不同的功能作用。

三、水分、空气湿度对茶叶品质的影响

水是许多食品的基本组成成分之一，茶虽属干品，但都含有不同程度的水分，这部分水分是食品维持其固有性质所必需的。水分对质的影响很大，一方面，能促进微生物的繁殖，使其褐变反应和色素氧化；另一方面，可使一些茶叶发生某些物理变化，如因吸湿而失去香味等。

根据理化性质，茶叶中所含水分可分为结合水和自由水。结合水在细胞内与蛋白质、多糖等物质相结合，失去流动性，但组织细胞间和液泡所含水分是自由水，这部分水决定了微生物变质的程度，用水分活度表示。水分活度的物理学意义即物质所含自由水分子数的比值，水分活度可近似地表示为水蒸气压与相同体积温度下纯水的蒸气压之比，水分

含量与水分活度A_w的关系曲线如下图所示。当含水量低于干物质的50%时，水分含量的轻微变动即可引起A_w的极大变动。

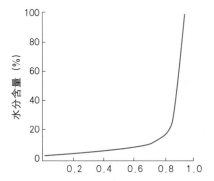

茶叶在不同含水量条件下的水分活度（A_w）

根据茶叶中所含水分的比例，各种茶叶的水分活度值范围表明本身抵抗水分影响能力的大小。茶叶具有的水分活度值越低，越不易发生由水带来的生化变化；但吸水性越强，对环境湿度的增大越敏感，故控制茶叶贮藏保鲜环境湿度是保证茶叶品质的关键。

四、温度对贮存茶叶品质的影响

在适当的水分和供氧条件下，温度对茶叶科学贮存的影响也很显著。

一般说来，在一定温度范围内（如10～38℃），在恒定水分条件下，温度每升高10℃，许多酶促和非酶促的化学反应速率加快1倍，其腐变反应速度将加快4～6倍。当然，温度的升高还会破坏茶叶内部组织结构，严重影响其品质；过度受热也会使茶叶中的蛋白质变性，破坏维生素C。

为了有效减缓温度对茶叶品质的不良影响，现代茶叶仓贮采用冷藏技术和包装保鲜低温防护技术，可有效延长茶叶的保质期。

第二节

常规茶叶贮存保鲜方法

茶叶贮存方式依其贮存空间温度的不同，可分为常温贮存和低温贮存两种。无论采取何种贮存方式，贮存空间的相对湿度应控制在50%以下，贮存期间茶叶水分含量保持在5%以下。

一、常温贮存

常温贮存时，贮存空间的温度随着气温而不断变动。因此，要保持茶叶品质，尤其是色泽，以低温贮存较为有效。但低温贮存的成本较高，一般中下级茶叶或短期（一个月以内）贮存，以常温贮存即可。

在我国茶史中，限于历史生产力水平，大规模常温贮存的茶叶花色品种极少，但民间少量贮存茶叶，使其在干燥环境中自然缓慢氧化转色，三五年后以"老茶"付之药用者却广泛存在。如武夷岩茶、安徽安茶、福鼎白茶因芽叶粗壮，内含物丰富，较长时间（1～3年）保存后，其生理活性成分较充分氧化、降解，水溶性成分大幅增加，因而增强了某些疾病（如流感、腹泻）预防功能。中医便用作"引子"，用于疾病预防和辅助治疗。但这种"老茶"对贮存条件要求很高，如环境温湿

广东现代化茶仓内景（陈文品　图）

度，空气流通条件，周边不得有易污染气体等。为了适应边疆少数民族茶饮需要，我国目前在新疆、西藏也建有边茶仓贮设施，保障边疆茶叶长期稳定供应。

商品茶的规模化常温贮存，始见于21世纪初的"普洱茶仓"，在中国香港、广东、云南及马来西亚吉隆坡，都出现了一批商业化代贮仓库，这些仓库设施先进，规模宏大，代买代贮。当然，在销区也有部分爱好者"建仓自贮"。

二、低温贮放

低温贮放时，茶叶贮存空间的温度经常保持在5℃以下，即用冷藏库贮存茶叶，一般消费者可以使用冰箱。冷藏贮存茶叶必须注意以下几点：

（1）贮存期6个月以内者，冷藏温度保持在0～5℃最为经济有效；贮存期逾半年以上者以冻藏（−18～−10℃）为佳。

（2）原则上，应使用专用冷藏（冻）库；若必须与其他食品共享冷藏（冻）库，则茶叶入库前必须妥善包装完全密封，以免异味污染。

（3）茶箱在冷藏（冻）库的排列必须整齐，预留冷空气库内循环通道，达到冷却效果。

（4）茶叶的传热系数很低，因此干燥、烘焙、复炒后，须待余热散发后才可包装入库，以免茶叶入库后因无法快速冷却而致品质劣变。

（5）一次性购买的大量优质茶叶，宜先分装（如二两一罐），再收入冷藏（冻）库，每次取一罐冲泡，不宜将大量茶叶反复取出及放入冷藏（冻）库。

（6）冷藏（冻）库必须设有预备室，由库内提取茶叶时，须待茶箱（罐）内茶温回升至与气温相近，才可开箱（罐）取出茶叶，以免空气中的水汽遇冷凝结，增加茶叶水分含量，使茶叶品质加速劣变。

绿茶、茉莉花茶较宜低温贮存，温度应控制在4～5℃，相对湿度40%～60%，且避光静置。家用电冰箱贮茶必须密封除氧，箱温2～4℃。

第三节

城市普洱茶仓贮放试验

抱着探索未知的科学态度，2007—2017年，我们选择了我国五个不同气候特点的都市进行了"普洱茶常温贮存比较试验"。将批量茶叶于2007年同一时间置于北京、上海、广州、昆明、重庆的普通茶叶仓库中常温存放。十年后，即2017年，分别取样进行感官审评和主要活性成分化学分析，结果表明：重庆、广州、上海这些南方城市由于四季分明，气温高、湿度大，普洱饼茶汤色转红，滋味醇厚，陈香明显，冲泡次数增加；而地处高原的昆明和北京则由于干燥、冷凉，效果较差，品质转化缓慢。试验表明，常温贮茶必须考虑茶叶种类、贮地气候、仓贮环境及资金承受力等多种因素，不可轻率为之。目前南方部分地区竭力鼓吹的"家庭贮茶"，并无推广的必要和实施条件。

感官鉴评结果表明，五城市贮样的得分均高于对照样和散茶，而南方重庆、广州的变化尤为显著；水浸出物含量、茶色素、儿茶素及没食子酸等主要活性成分的转化率，重庆与广州均高于北京和昆明，说明高温高湿、四季变化分明的重庆与广州比较适合常温贮放普洱茶。

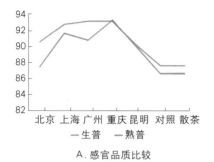

A. 感官品质比较

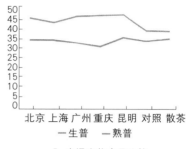

B. 水浸出物含量比较

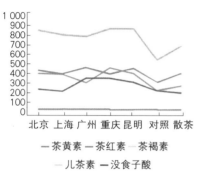

C. 生普茶色素、儿茶素及没食子酸比较

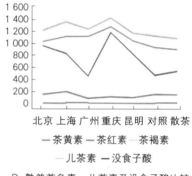

D. 熟普茶色素、儿茶素及没食子酸比较

不同区域普洱茶储存中品质变化趋势

第四节

质疑"越陈越香"

现代食品学认为，任何食品投放市场后都有"保质期"，即食品安全食用期，有的还有"最佳赏味期"的标识，以保障人们食（饮）后的身体健康。我国各种茶叶都有"保质期"规定，红茶、绿茶均为18个月。但对普洱茶，因其在一定时间范围内，经科学贮放后，口感可进一步得到改善，故有"可长期存放"的说法。云南农业大学李家华等著《普洱茶一年一味》一书，专谈普洱茶贮存中年份与茶叶生化成分及感官品质的关系，并列举了2006—2015年普洱茶品质得到改善的数据。

长期从事茶叶感官审评的实践经验告诉我们：茶叶的香气，如清香、花香、木香、果实香以及糖香等，其判断在于茶叶冲泡后不同温度下盛茶器具表面（如杯盖、杯底、叶底等）所反映出来的气味，在无其他异味干扰的环境里，由经验者凭嗅觉进行判断和鉴赏，从而对香气性质、浓度以及持久性得出可靠的结论。

总而言之，普洱茶同其他任何茶叶一样，其香味也是客观存在的，而且是一种使人感官愉悦的客观存在。只不过由于人们个体差异和品饮积累经验的多寡，对它的识别、判断及描述的准确性存在着某种细微的差别而已。

普洱茶陈香隽永、醇厚甘滑品质的形成，除了得益于茶树生长发育的自然环境和茶农们的精心种采管制工艺，还与其在"茶马古道"上人背马驮、长途跋涉的沧桑历史经历有关，对普洱茶"后发酵"中色、香、味的形成产生了关键影响。简言之，普洱茶的独特品质在于它处于不同的时空境界之中，其变化是客观存在的。用茶叶审评的专业术语综述普洱茶共同品质特点，即原料芽叶肥壮显毫，色泽褐黄油润；外形独具特色（饼、砖、沱），成品配料匀整考究；香气陈香隽永，滋味醇厚甘滑，汤色深红明亮，叶底肥嫩柔软。

四川雅安藏茶　　陕西泾阳茯茶　　云南普洱饼茶　　　　云南下关沱茶

消费者由于个体差异及理念、嗜好的不同，对茶叶品质有不同感悟，这应当是很正常的事。笔者认为，普洱茶之所以受到人们的推崇，恐怕不是什么"越陈越香""无味之味"，而是高海拔的云南大叶种丰富的多酚类及糖类物质在品质形成过程中缓慢氧化缩合和降解形成醇爽回甘、挥之不去的口感综合作用的结果，加之咖啡因等嘌呤类化合物适当的配合、对中枢神经的作用，让人们印象深刻。

应该说，人们对茶叶色、香、味的认识，完全来源于自身的味觉和嗅觉细胞感受到的香味刺激，绝不是虚无缥缈的幻觉。

第五章 / 茶的品饮与鉴赏

真正懂得饮茶乐趣的人，对于饮茶环境（茗友、时间、地点）十分在意，对茶器、水品、茶品及烹茶技巧均尤为考究。正如张源《茶录》所云：「造时精，藏时燥，泡时洁；精、燥、洁，茶道尽矣。」即为了达到品茗目的，必须精细冲泡，直至饮用。

第一节

从"吃茶"到"品茗"

巴人发现茶的饮用价值后，不仅把茶树移入园中实现了人工栽培，还发明了炒制焙烤的制茶法，把"苦茶"变成了"香茗"，把"吃茶"之俗事变成"品茗"之雅集。中国民间称"饮茶"为"吃茶"，无论南北均是如此。巴蜀人最早利用茶是以食用和药用为目的，把茶作为日常饮品并普及到民间，是汉唐以后的事。据明末清初思想家顾炎武（1613—1682）所撰《日知录》记载："秦人入蜀，始知有茗饮之事。"后来，随着生活水平提高，讲究生活品位的人开始对这种熬汤煮水的清茶不满足了。熬汤之后，加上不同的调料——加盐、加姜、加花椒，茶汤如同中药，虽然不甚清雅，但也胜过淡而无味了。

直到这时，人们不知道茶不仅解渴，还可以品饮。所以，茶圣陆羽嘲笑早期人们喝茶，就是喝煮烂的"阳沟水"。当饮茶成为人们休闲生活方式之一时，茶开始进入"品饮"时代。

生活富裕、讲究生活品位的人喜欢饮茶，他们在疏星朗月之下，书窗残雪之前，沐风赏景，品茶赋诗，醉人的茶香沁人肺腑，令人心旷神怡。有趣的是，在一些文人的眼中，品茶这种雅趣，只可在心里品味，不可与俗人道来。唐代诗人白居易喜欢茶，曾作诗："暖床斜卧日曛腰，一觉闲眠百病销。尽日一餐茶两碗，更无所要到明朝。"茶的利用，分饮茶和品茗，南、北方人在饮茶习惯上有所不同。唐代封演说："茶，早采者为茶，晚采者为茗。《本草》云：'止渴，令人不眠。'南人好饮之，北人初不多饮。"

唐玄宗时，泰山灵岩寺僧人学禅，开始饮茶。人们争相仿效，煮饮品茗，遂成风俗。晚唐诗人卢仝（795—835）在煮饮了谏议大夫孟简馈赠的江南新茶后，作《走笔谢孟谏议寄新茶》一诗，在叹息山中茶农艰辛的同时抒发了饮茶的心理感悟，脍炙人口的"七碗茶歌"从此问世。"一碗喉吻润，两碗破孤闷。三碗搜枯肠，唯有文字五千卷。四碗发轻汗，平生不平事，尽向毛孔散。五碗肌骨清，六碗通仙灵。七碗吃不得也，唯觉两腋习习清风生。"喝茶至七碗时，饮茶使脑垂体多巴胺激发万千遐想，大脑中浮现种种意境，翱翔于万里天空。

宋徽宗赵佶（1082—1135）把中国饮茶文化推向高峰。其时，福建闽北建溪（建瓯、建阳及武夷山）一带茶业崛起。由于气候变迁，江浙气温变冷，中唐开始的"清明宴"必备新茶无法采制，"贡茶院"从浙江湖州迁到建州建瓯及武夷山一带，福建"斗茶"之风逐渐兴起。当时，宋徽宗将各地进贡的品质最好的茶叶确定为贡品。宋人饮茶，以团茶为主。进贡宫廷的是龙凤团茶，品质卓越，茶味香浓，制作十分精细。

明太祖朱元璋对宋元"斗茶"茶艺的"重劳民力"十分反感，于洪武二十四年（1391）下诏"罢团兴散"，罢废龙团凤饼茶制法。散叶的炒青绿茶、发酵茶及窨花茶逐渐走向民间。金陵（南京）、开封、京师及南方产茶诸地区推崇散饮的"瀹茶法"大行其道，民间茶肆、茶楼、茶馆应运而生。瀹茶与点茶的最大不同，是将茶叶直接用沸水冲泡，大大简化了饮茶程序。

明末学者高濂撰《饮馔服食笺》，列茶具十六器，认为泉水是品茶的最佳之选。品茶以人少为贵，人多则喧，不宜品尝。所以明人崇尚独酌，人数不同，有不同的品茶之境：独啜曰神，二客曰胜，三四曰趣，五六曰泛。依据明代张源《茶录》、许次纾《茶疏》等的记载，明代泡茶程序为备器、择水、取火、候汤、泡茶、分茶、品茶等。

品茗杯（杨建慧　图）

入清以后，福建武夷岩茶渐兴，发展出用小壶小杯冲泡品饮乌龙茶的工夫茶艺。清代袁枚《随园食单》"武夷茶"详细描述了武夷茶冲泡品饮的方式，"杯小如胡桃，壶小如香橼。上口不忍遽咽，先嗅其香，再试其味，徐徐咀嚼而体贴之"。

清代亦盛行直接投茶入杯盏（盖碗），注沸水后直接品饮的瀹泡法，并流传至今。

清末南京民间饮茶（1915年邮政明信片，刘波　图）

第二节

煮茶辨水论山泉

"器为茶之父，水为茶之母。"中国茶道、民间茶艺均注重烹茶用水之选择。陆羽《茶经》"五之煮"中写道："其水，用山水上，江水中，井水下。"张大复《梅花草堂笔谈》："茶性必发于水，八分之茶遇水十分，茶亦十分矣。八分之水试茶十分，茶只八分耳。"古人对烹茶用水的要求是清、轻、甘、活、冽、洁，现代茶饮也要求水质要清洁、软、甘甜、鲜活、凛冽、洁净，这说明古今烹茶对水的要求是一脉相承的。甘，即纯净无杂质，回味甘甜；活，即源头活水；冽，即水温低，无细菌等微生物，如古人喜用雪水、冰水烹茶；洁，即洁净无污染。如今泡茶用水，以泉水为上，纯净水次之，自来水较差。

武夷山泉水

元代赵原《陆羽烹茶图》

中国地大物博，适宜烹茶用水的知名泠泉有百余处，其中被称颂为天下第一泉的有以下几处：

民国初年北京玉泉
（1920年邮政明信片，刘波　图）

天下第一泉　江西庐山康王谷水帘水，被陆羽誉为天下第一泉。庐山有驰名海内外的庐山云雾茶，"云雾茶叶古帘泉"被茶人颂为珠璧之美。

扬子江心第一泉　江苏镇江中泠泉，即扬子江南零水，又称中零水，位于镇江市金山寺以西的石弹山下。古时中泠泉处于长江波涛之中，取汲不易，故陆游有"铜瓶愁汲中泠水"，苏东坡有"中泠南畔石盘陀，古来出没随涛波"的诗句。

乾隆御赐第一泉　北京玉泉，位于颐和园西侧的玉泉山南麓，因"水清而碧，澄洁似玉"故称。明永乐帝

迁都北京后，把玉泉定为宫廷用水，并沿袭至清代。乾隆帝喜鉴茶品泉，命人特制银斗精称各地名泉重量，因北京玉泉山的泉水水质最轻，故钦定其为"天下第一泉"，并作《玉泉山天下第一泉记》一文刻石铭记。

大明湖第一泉　济南趵突泉位于旧城区西南，分三眼从地底喷涌而出，势如腾沸。趵突泉名传千古，留下许多赞咏佳句，如元代赵孟頫所咏"云雾润蒸华不注，波涛声震大明湖"，宋代曾巩赞咏"润泽春茶味更真"。趵突泉得名"天下第一泉"，相传是乾隆帝巡幸江南时，专车载运北京玉泉水供沿途饮用，途经济南品饮趵突泉水，水味竟比玉泉水清冽甘美，遂改用趵突泉为南巡沿途饮用水，并赐"天下第一泉"。

峨眉"神水"第一泉　四川峨眉山玉液泉，又名甘泉，位于大峨寺旁的神水阁前，泉水自石壁冒出，清澈明亮，饮之如琼浆玉液，故名。唐宋以来，苏东坡、黄庭坚等文人墨客亦留下不少赞咏的诗句，认为用玉液泉水泡峨眉山茶是"二美合碧瓯"，相得益彰。

此外，无锡惠山泉、苏州观音泉、杭州虎跑泉亦是天下名泉，为茶人钟爱。

第三节

饮茶器具的种类及鉴赏

汉唐以来，随着饮茶由宫廷走向民间，茶器的适用性多为文人墨客所看重。唐代诗人皮日休（834—883）与陆龟蒙（？—约881）唱和《茶中杂咏》组诗中，有专门赞咏茶瓯的一首：

> 邢客与越人，皆能造兹器。
>
> 圆似月魂堕，轻如云魄起。
>
> 枣花势旋眼，蘋沫香沾齿。
>
> 松下时一看，支公亦如此。

此诗赞颂了邢窑和越窑茶器洁白如玉、轻薄如云，同时告诉人们品茶与赏器一样，早在魏晋时已经开始。

茶具，古代亦称茗器。最早记载见于西汉王褒的《僮约》。汉魏以前，食具、酒具、茶具常常通用，至两晋、南北朝时，茶具从食器中逐渐分离出来。中唐以后，茶具开始快速发展，当时已形成了浙江的越窑、河北的邢窑等著名陶瓷产地。宋代在瓷质茶具的形制方面，由碗或瓯改成盏（或称盅），品茶喜用黑釉盏，因点茶浡沫以白为贵，福建建阳与武夷山兔毫

盏驰名中外。被视为日本国宝的
"天目茶碗"，即为建盏之名品。

建盏名品兔毫盏

　　茶具演变，与不同时代的饮
茶方式、品饮艺术和审美情趣关
系密切。在生产和消费发展的同
时，近现代茶具文化也相应发展
起来。现代茶具更是种类繁多，
异彩纷呈，其实用功能、艺术
风格、历史背景和文化内涵虽不尽相同，但茶具的根本用途在于方便饮
用。有唐以来，饮茶方式由煮茶法演变为点茶、瀹茶、泡茶诸法，茶具
亦随之而有所变化。如今之饮茶法，以工夫茶泡法为主，而工夫茶乃传承
明代煎茶法，明代煎茶法更是唐代末茶法的延续。正如清代俞蛟《潮嘉风
月记》所载："工夫茶烹治之法，本诸陆羽《茶经》，而器具更为精致。"

　　现代茶具，常用者仅有十余种，如茶壶、杯碗、茶海、闻香杯、茶
荷、茶通、渣匙、茶盘、则容等。

1. 茶壶

　　茶壶以小为贵，小则香气氤氲，大则易于散漫。若独自斟，壶愈小
愈佳。明代以来，在宋人点茶的基础上，用宜兴朱泥或紫砂制成小型陶
壶，因其泥质优良，透气性佳，
可塑性好，壶身久泡温润如玉，
迎合了国人的玩玉心理，茶人
遂有养壶之习俗，紫砂壶迅速
传布，以出江苏宜兴丁蜀镇者
驰名。著名制壶大师，明代有
供春、时大彬，清代有陈鸣
远、杨彭年，现代有顾景舟、
蒋蓉等。

紫砂壶

2.盖碗（三才碗）

最早在西蜀一带流行，传说为唐代成都太守崔宁之女所发明。盖碗共
分为茶碗、碗盖、茶托（亦称茶船）三部分，多为陶瓷制成，尤以景瓷青
花为贵。茶碗因敞口冲泡方便，亦可多用，茶托让茶水不易溅出，且不
烫手，颇受茶馆、茶客之欢迎。成都茶楼称之"三才碗"，以天、地、人
喻之。

四川盖碗茶泡茶绝技（表演者吴登芳）

3.茶海（公道杯）

三人以上品茗时，茶壶和茶碗均不堪负荷，故以盅形茶海盛之。茶海
可使冲泡各次的茶浓淡一致，供品茗者均衡享用，亦有沉淀茶渣的作用，
避免叶底掉入品茗杯中。

4.闻香杯

我国台湾地区茶人于20世纪70年代发明。70年代初，台湾地区外销
茶因岛内需求上升而转向内销，香高味醇的"金萱""四季春"问世，茶
艺馆如雨后春笋般涌现。由于茗香令人陶醉，以敞口浅底茶杯盛茶，香气

易失，敛口而身长的闻香杯应运而生，泡茶闻香蔚然成风。20世纪80年代，闻香杯传入大陆，表演台湾茶艺者亦多仿用。

5. 茶荷

从茶罐中取茶之器。铲茶入荷，可供客人欣赏茶叶外观；亦方便置茶于壶中，可防茶叶外落，也很卫生，脱去"手抓"之不雅陋习。

6. 茶通

鉴于小壶泡日趋流行，因壶口小，茶渣易塞流口，此时可用茶通打通流嘴，使之流畅。实则方便壶中水流而已，但此器用毕必须清洗干净，否则易生霉变或引入异味。

7. 渣匙

用于清理中式泡茶法茶事结束后滞留壶中的茶渣。渣匙虽小，但在茶事中却不可或缺。若不及时清理，茶渣滞留壶中易致霉菌滋生。

此外，各种茶事尚有选用茶盘、茶车及各种插花、香道用具者，在此不予赘述。

第四节

近代各类品茗法

明代许次纾（1549—1604）《茶疏》一文将泡茶程序归纳为备器、择水、取火、候汤、泡茶、斟茶、品茶等。一般用小壶、茶盅或盖碗等泡法，工夫茶泡法在福建、广东乌龙茶销区尤甚。

一、小壶泡

备器：有茶炉、茶铫、茶壶、茶杯。

择水、取火：同煮茶、点茶法。

候汤：泡茶时须使用沸腾的开水，即煮茶法所谓的三沸水。须以明火急煮，不宜慢火焖烧。

泡茶：待汤煮沸，取少许先入壶中温壶，后倾出。量壶投茶，投茶量要适中。

斟茶：一壶通常配4～6只杯子，斟茶时要均匀。

小壶泡（颜瑞银　图）

二、盖碗泡

盖碗茶泡茶法包括以下两种形式:

一是以盖碗泡茶兼品饮。将茶叶倾入碗内,注水,浸泡,至适当浓度后,直接以盖碗品饮茶汤。

二是以盖碗作为泡茶具使用。将茶叶倾入碗内,注水并将茶汤通过匀杯逐次倒入杯内。

以盖碗代替茶壶时,不但可打开碗盖观看茶汤的浓度,置茶闻香,而且去渣、清洗时也比茶壶方便。

清粉彩过枝瓜蝶纹盖碗(中国茶叶博物馆 藏)

三、工夫泡

清中叶,随着闽粤沿海城市商业繁荣,茶楼、茶馆更加盛行。所谓潮汕工夫的乌龙茶"四宝"(或称"若深四宝"),即用潮汕白泥风炉、玉书煨煮水器,孟臣罐(紫砂小壶)和底书"若深珍藏"的青花小茶杯四件茶器所用之泡茶法。当时不仅在我国东南沿海闽、粤、港、澳、台地区流行,

清道光《厦门志》中记载的"工夫茶"

置茶（杨建慧　图）

还影响到东南亚泰国、马来西亚、印度尼西亚及日本等地的饮茶风气。日本"煎茶道"即受工夫茶泡茶法的影响。

冲泡工夫茶程序十分讲究，大致可分为十道：

1. 环境

品茶要选择清幽、洁净、风景秀美的环境，避免人员喧哗、噪音四起。饮茶人数忌多，三四个人品茗最好，主客间均能以喜悦、平和、闲适及无拘束之心境来饮茶，尽享和、静、怡、真之茶境。

2. 赏茶

赏茶是品饮者在泡茶前对茶叶的观赏与鉴识。因为茶已入荷，观看较为容易，但不宜触摸茶叶。赏茶的内容有茶叶的发酵度、焙火及揉捻程度、老嫩、细碎等，有助于泡茶者对水温、置茶量、浸泡时间、冲泡次数的掌控。

3. 温壶及烫杯

温壶目的是将壶温热，避免水温被壶壁吸收而下降。将茶杯温热的工序称为烫杯，热水烫杯，是在置茶入壶之前，可利用这个机会判断茶杯的容量，以便调整冲水量。

4. 置茶

置茶指把茶叶置入壶内。泡茶者

在品饮者赏茶结束并送回茶荷后，将茶倒入壶内，可一手持茶勺协助拨茶入壶。

5. 闻香

闻香是指欣赏干茶香，而不是茶汤的香。借壶身的热度将茶叶的香气挥发出来，置茶后，盖上壶盖，即可欣赏壶内茶香。持壶闻香时，要手盖上壶盖；茶叶香气薄弱时，可按住壶盖，用力震荡，促使茶香散发。

6. 冲泡

注水时要注意水量，为了能将茶汤全部倒出，注水半壶即可；若要冲满，以九分为度。

7. 分茶

分茶指将泡好的茶分别入杯。即可持茶海将茶汤入杯，或直接将茶汤倒入杯内。不论用何器入杯，动作要有韵律感。

8. 奉茶

奉茶包括第一道端杯奉茶与第二道续水。在舒适的茶席上，大家坐着就可拿到杯子，泡茶人在原位请品饮者逐次端茶，不必离席。第二道以后，品饮者继续使用原来的杯子，泡茶人将茶倒入品饮者的杯内。

9. 品饮

品饮者端杯时，小杯单手端起，大杯双手端起，自然闻香，品饮，欣赏形、色、香、味，细斟慢品。

10. 净具

净具是泡完茶后将壶、杯清洗干净的工序。先用渣匙把茶渣从壶内清出。茶渣直接放入水盂内，尽可能清理干净。

清理完茶渣，先在壶外淋水，将壶表冲干净，接着在壶内注水，绕圆圈使水在壶内旋转，让旋动的水将壶内细碎的茶渣一并带出，倒至水盂内。品茗全程结束，主客间可聊作短暂交流，然后依次退席。

第六章 / 茶的保健作用

无论传统医学还是现代医学，均一致认为茶既是一种生津止渴饮料，又是一种富含营养与保健作用的功能性饮品。茶多酚、氨基酸、茶多糖等次生代谢物，是茶具有保健功能的药理基础。因此，茶被誉为21世纪健康饮料，广泛应用于食品、医药及卫生保健行业。

第一节

茶的功能成分

茶鲜叶是由许多化学成分组成的复杂有机体，其中水分约占75%，干物质约占25%。茶的成分主要包括初生代谢产物（如糖类、蛋白质及脂类）以及茶独有的次生代谢产物（如多酚类、茶氨酸、生物碱及茶叶皂苷等），对调节人体代谢、增强免疫力具有一定的作用；但茶不是药。

一、茶的成分概述

1. 茶的初生物质

茶中的初生代谢产物包括糖类、蛋白质及脂类。

糖类占茶叶干重的20.0%～25.0%，主要由果胶（约11.0%）、纤维素（4.3%～8.9%）、半纤维素（3.0%～9.5%）、淀粉（0.2%～2.0%）和可溶性糖等构成。果胶为高黏度液，有助于茶叶加工成型，包括果胶酸、果胶素和原果胶，其中果胶酸和果胶素可溶于水，赋予茶汤厚味感。纤维素和半纤维素是细胞骨架类物质，不溶于水，在一般的茶叶加工中几乎没有变化，但在普洱茶和砖茶加工中由于微生物的作用可降解形成可溶性糖类。淀粉是一种贮藏物质，难溶于水，在茶叶加工中可由于酶或湿热作用转化为可溶性糖。这些变化有利于提高茶的滋味和香气等。可溶性糖主要由葡萄糖、果糖、蔗糖、麦芽糖和棉子糖等构成，是茶汤苦后回甘的甜的滋味成分。

蛋白质占茶叶干重的20.0%～30.0%，其中，难溶于水的谷蛋白占蛋白质总量的80%，还有少量的白蛋白、球蛋白和精蛋白。在茶叶制造中，蛋白质少量降解并参与美拉德反应，有利于增进茶的鲜爽味感并影响茶叶的风味和色泽。

脂类约占茶叶干重的8.0%，包括脂肪、磷脂、糖脂、甾醇及脂溶性色素等。脂类的降解及脂溶性色素会影响茶叶的风味和色泽。

2. 茶的次生物质

茶树是多年生常绿叶用作物，同其他植物比较，茶树在物质代谢上有共性，更有个性。具体表现在茶独特的系列二级代谢产物，如多酚类、茶氨酸、生物碱、茶叶皂苷及茶叶活性多糖等。

茶多酚（tea polyphenol，TP）占茶叶干重的24%～36%，包括黄烷醇类（儿茶素类）、黄烷酮类、黄酮醇类、花青素类、花白素类及少量简单酚酸类等。其中黄烷醇类（儿茶素类）约占茶叶多酚的70%，是茶叶多酚的主要成分。茶多酚在茶叶加工中发生变化，是形成各类茶叶品质的核心物质。

茶叶中的生物碱（alkaloids）主要有咖啡因、可可碱和茶叶碱，其中以咖啡因含量最高，占茶叶干重的3%～5%，是茶叶提神醒脑的重要成分。

茶氨酸（theanine）是茶中特有的氨基酸，约占茶叶干重的1%，占茶中游离氨基酸总量的50%～60%，是茶鲜爽味感的重要成分。

茶皂苷（tea saponins）是一类性质比较复杂的糖苷类衍生物，因水液震荡时可产生大量肥皂样泡沫，故称。以茶籽皂苷和茶花皂苷的含量较高，约占茶叶干重的1%；茶叶皂苷和茶根皂苷含量较低，约占干重的万分之一。

此外，茶中还含约3%的游离有机酸，包括柠檬酸、苹果酸等。

3.茶的其他成分

主要包括维生素、矿物质、色素和芳香物质。

茶中含少量维生素，有硫胺素、核黄素、烟酸、维生素C、维生素E和胡萝卜素。绿茶中胡萝卜素、维生素E和维生素C含量较高，每100克绿茶可提供约5.8毫克胡萝卜素、9.57毫克维生素E和19毫克维生素C。

茶中矿物质主要是钾和磷，还有钙、镁、铁、铜、锌等。其中钾盐占比最高，约50%，其次是磷酸盐类。老叶中含量高的矿物质有氟、钙、铁、硒、铝、硅、锰、硼等，嫩叶中含量高的矿物质有钾、镁、锌、砷及镍等元素。每100克绿茶可提供约325毫克钙、1661毫克钾和196毫克镁。

茶中色素包括脂溶性和水溶性色素。脂溶性色素有叶绿素和类胡萝卜素，属于脂类，其加工中的氧化降解程度影响茶的色泽和香气。水溶性色素主要是花青素、花黄素和儿茶素等，属于多酚类，其氧化降解影响茶的色泽、滋味等品质特征。

茶的香气被誉为"茶之神"，我国古代称茶为"香茗"。不同茶中芳香物质种类不同，大致有200 ～ 500种。茶叶芳香油含量受季节、产地和加工方式等影响，以水蒸气蒸馏法提取，鲜叶芳香油含量约0.02%，绿茶和红茶芳香油含量分别为0.005% ～ 0.02%和0.01% ～ 0.03%。

茶中化学成分组成及含量范围如下表所示。

茶叶中的化学成分组成及含量

化学成分	含量（%）	组成
蛋白质	20 ～ 30	谷蛋白、精蛋白、球蛋白、白蛋白等
糖类	20 ～ 25	纤维素、半纤维素、果胶、淀粉、葡萄糖、果糖、蔗糖、棉子糖、茶叶多糖等
脂类	8	脂肪、磷脂、糖脂、甾醇、萜类、蜡、脂溶性色素等
茶多酚	24 ～ 36	儿茶素类、花白素类、花青素类、黄酮醇类、黄烷酮类、黄酮类、简单酚类等
生物碱	3 ～ 5	咖啡因、茶叶碱、可可碱等

化学成分	含量（%）	组成
氨基酸	1～4	茶氨酸、谷氨酸、天冬氨酸等
维生素	0.6～1.0	维生素C、维生素E、维生素B_1、维生素B_2、烟酸等
矿物质	3.5～7.0	钾、磷、硫、钙、镁、铁、锰、硒、铝、铜、氟等
色素	1	叶绿素、胡萝卜素类、花黄素、花青素等
芳香物质	0.005～0.03	醇类、醛类、酸类、脂类及内酯类、酮类、碳氢化合物等

由于茶的冲饮方式、茶叶成分的可溶性和茶叶用量，通过饮茶摄入的糖类、酯类、蛋白质和维生素类等非常有限。因此，饮茶的健康效应是来自茶叶所含的功能成分。

二、茶的保健成分

1. 茶叶多酚类

茶多酚是茶叶区别于其他植物的很重要的一类化合物。包括简单酚及简单酚酸类、类黄酮类。简单酚及简单酚酸类在茶中含量约5%；类黄酮类是茶多酚主要成分，包括黄烷醇类（儿茶素类）、4－羟黄烷醇类（花白素）、黄烷酮类、黄酮醇类、花青素类和花白素类等。

（1）简单酚及简单酚酸类

主要有没食子酸（占干重的0.5%～1.4%）、没食子素（约占干重的1.0%）、绿原酸（约占干重的0.3%），还有咖啡酸和对香豆酸等；许多简单酚及简单酚酸类化合物在植物防御中起重要作用，某些成分还有调节植物生长的作用。

简单酚及简单酚酸类是制茶中导致原料pH下降的主要有机酸之一，酸度增大有利于增强水解酶及氧化酶活性，有利于茶叶品质的形成；其中，没食子酸是合成酯型儿茶素必不可少的物质。

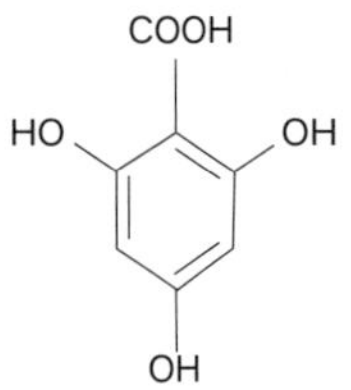

没食子酸 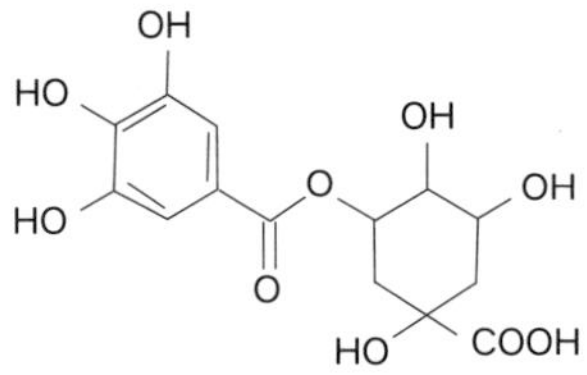　　　　　　　没食子素 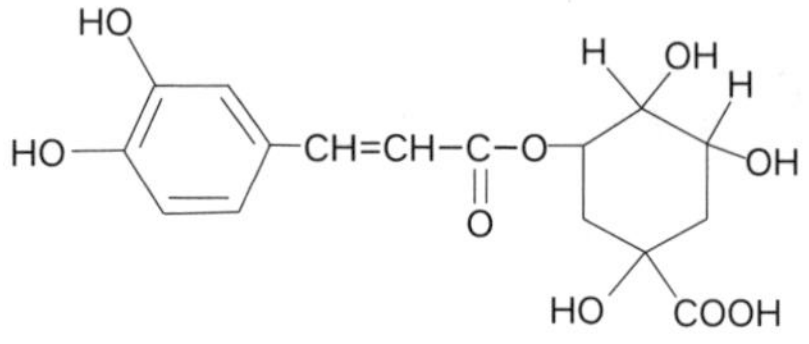　　　　　　　　绿原酸

（2）类黄酮类

类黄酮类泛指具有2-苯基苯并吡喃的基本结构的一类化合物。基本碳架为$C_6 - C_3 - C_6$。

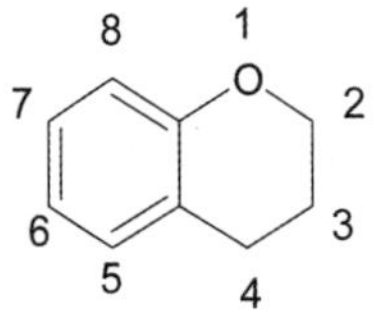

苯并吡喃 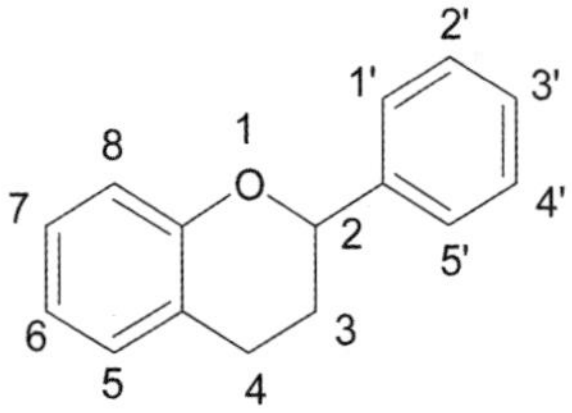　　　　　　　2-苯基苯并吡喃 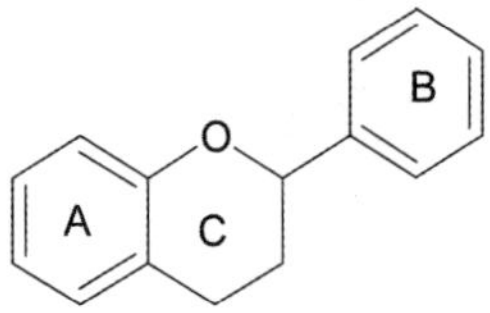　　　　　　$C_6 - C_3 - C_6$

由于C环的氧化程度及结构特点，茶叶中的类黄酮类包括黄烷醇类（儿茶素类）、4-羟基黄烷醇类（花白素类或黄烷二醇类）、花色苷类（花青素类）、黄酮类（花黄素类）、黄酮醇类、黄烷酮类及黄烷酮醇类等。

①儿茶素类（黄烷醇类）

茶儿茶素占茶叶干重的12%～24%，是茶叶多酚类的主要成分。

茶儿茶素结构至少包括A、B和C三个基本环核，根据C环是否和没食子酸发生酯化反应以及B环上连接酚羟基的情况，可分为非酯型儿茶素（或简单儿茶素、游离儿茶素）和酯型儿茶素（或复杂儿茶素）。

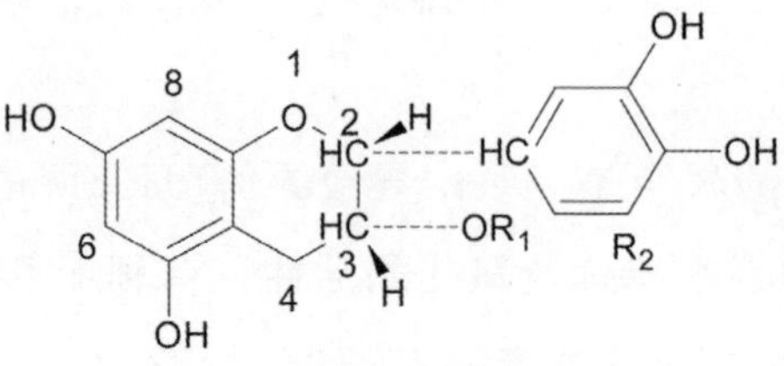

通式：$A - CH_2 - CHOH - CHOH - B$

其中大量存在的儿茶素有L-表没食子儿茶素没食子酸酯（L-EGCG）、L-表没食子儿茶素（L-EGC）、L-表儿茶素没食子酸酯（L-ECG）、（+）-没食子儿茶素（D-GC）及L-表儿茶素（L-EC）。

②花白素类（4-羟基黄烷醇类或黄烷二醇类）

又称稳色花青素。比儿茶素更活泼，占茶干重的2%～3%，主要有芙蓉花白素和飞燕草花白素。

R=H　芙蓉花白素
R=OH　飞燕草花白素

③花青素类（花色苷类）

花青素类的形成与积累，与茶树生长发育状态及环境条件密切相关，光照强、气温较高的季节花青素浓度较高，茶芽叶呈紫红色。花青素一般约占茶干重的0.01%，但紫色芽叶的花青素占干重比例可达0.5%～1.0%，主要有飞燕草花色素及其苷、芙蓉花色素及其苷。

$R_1=R_2=R_3=H$　天竺葵色素
$R_1=OH$，$R_2=R_3=H$　芙蓉花色素
$R_1=R_2=OH$，$R_3=H$　飞燕草花色素
$R_1=R_3=OH$，$R_2=H$　翘摇紫苷元

④花黄素类（黄酮类）

一类广泛存在于植物中的黄色素。植物中黄酮类多与糖结合成苷类，茶中的黄酮及其苷类有洋芫荽素-8-C-β-D-葡萄糖苷（又称牡荆素）、皂草苷（又称异牡荆素）、芹菜素-6,8-二-C-葡萄糖苷和三鲸腊素。

⑤黄酮醇类

茶中黄酮醇苷多分属于山奈素、槲皮素、杨梅素和糖形成的苷，含量较多的有槲皮苷（0.2％～0.5％）（以芸香苷较多，占干重的0.05％～0.15％）及山奈苷（0.16％～0.35％，春茶含量高于夏茶）。

山奈苷类有山奈素－3－鼠李糖苷、山奈素－3－O－β－D－葡萄糖苷（紫云英苷）、山奈素－3－O－β－D－芸香糖苷（费格里烟碱）及山奈素－3－O－鼠李二葡萄糖苷等。

槲皮苷类有槲皮素－3－O－β－D－葡糖苷、槲皮素半乳糖苷、槲皮素－3－鼠李糖苷、槲皮素－3－O－鼠李二葡糖苷及槲皮素－3－O－β－芸香糖苷（芸香苷）等。

杨梅苷类有杨梅素－3－O－β－D－葡糖苷及杨梅素半乳糖苷等。

⑥其他多酚类

黄烷酮类也称二氢黄酮类。茶中分离出的有柚皮素。

黄烷酮醇类又称二氢黄酮醇类，是黄酮醇的还原产物。茶中分离出的有二氢山奈素。

查耳酮又称苯基苯乙烯酮，是形成儿茶素的中间物质。

（3）多酚类氧化聚合产物

酚类易氧化，在阳光、高温、碱性基质或氧化酶存在时，发生氧化聚合和缩合反应，在空气中可自动氧化为黄棕色胶状物。通过控制茶叶加工中多酚类的氧化条件及氧化程度，可制成不同的茶类。

茶多酚主要氧化产物为一系列称为茶色素（tea pigments，TPs）的有色物质，包括茶黄素（theaflavins，TF）、茶红素（thearubigins，TR）和茶褐素（theafubenins，TB）及缩合单宁等。

茶黄素由成对的儿茶素氧化结合形成。含量为茶干重的0.3％～1.5％，水液橙黄，有辛辣味和强收敛性，是红茶滋味的重要成分，也是红茶汤"金圈"的主要成分。

茶红素是茶中含量最多的多酚类氧化产物，占干重的5％～11％。刺激性不如茶黄素，收敛性较弱，滋味甜醇，是红茶汤红色的主要成分。茶红素分子中的羧基（-COOH）在不同pH下解离状态不同，其阴离子（-COO-）颜色比未解离的酸（-COOH）颜色深，茶汤中加酸会降低颜色深度，使颜色变浅，加碱则颜色变深。所以泡茶用水性质不同，对茶汤颜色的影响也不同。

茶褐素为水溶性的褐色物质，除多酚类氧化聚合产物，还含有氨基酸、糖类等结合物。茶褐素含量占茶干重的4%～9%，色泽暗褐，滋味平淡稍甜。部分能与蛋白质结合沉淀于叶底，形成暗褐的叶底色泽。

2. 茶叶生物碱

茶中的生物碱以咖啡因含量最多（占茶叶干重的2%～5%），其次为可可碱和茶叶碱（分别占干重的0.05%和0.002%），其他极少，如黄嘌呤、次黄嘌呤、拟黄嘌呤、鸟便嘌呤及腺嘌呤等。茶叶嘌呤碱在生物体内通过次黄嘌呤核苷酸转变而来，并在嘌呤碱代谢中相互转化。

咖啡因　　　　　　　　　可可碱　　　　　　　　　茶叶碱
(1, 3, 7-三甲基黄嘌呤)　　(3, 7-二甲基黄嘌呤)　　(1, 3, 二甲基黄嘌呤)

茶叶生物碱从茶籽萌发开始形成，此后一直参加体内代谢活动。咖啡因在茶树各部位含量差异较大，以叶部最多，茎梗较少，花果最少；在新梢中随叶片老化而下降，即嫩叶含量高，因此，咖啡因可作为茶叶老嫩的标志成分之一。

咖啡因在茶树各部位的分布

茶树部位	咖啡因含量（%）	茶树部位	咖啡因含量（%）
茶芽及第一叶	3.55	第三叶	2.76
第二叶	2.96	第四叶	2.09

茶树部位	咖啡因含量（%）	茶树部位	咖啡因含量（%）
嫩梗	1.19	花	0.80
绿梗	0.71	绿色果实外壳	0.60
红梗	0.62	种子	—
白毫	2.25		

有苦味的咖啡因能与茶多酚氧化产物茶黄素、茶红素络合形成复合物，在茶汤冷后出现浑浊的现象（称冷后浑），提高茶汤鲜爽度。一般认为茶汤正常的冷后浑是茶品质好的表现。咖啡因的苦味强度还与茶氨酸有关，茶氨酸对咖啡因的苦味有抑制作用。

3. 特殊氨基酸

茶中游离氨基酸是茶鲜爽味感的重要成分，在游离氨基酸中还发现一些特殊氨基酸，如茶氨酸、谷氨酰甲胺、天冬酰乙胺、豆叶氨酸、γ-氨基丁酸及β-丙氨酸。受关注的是茶氨酸和γ-氨基丁酸。

（1）茶氨酸

茶氨酸（theanine）含量占茶干重的1%，约占茶叶游离氨基酸的一半。茶氨酸具有焦糖香和类似味精的鲜爽味，味觉阈值0.06%（谷氨酸阈值0.15%）。茶氨酸是影响茶叶品质的重要鲜味剂，同时具有独特的药理学效应。

茶氨酸

（2）γ-氨基丁酸

γ-氨基丁酸（gamma amino-butyric acid，GABA）是谷氨酸脱

羧后形成的。其形成与环境应激有关，在植物过涝或干旱或缺某种矿物质等条件下，合成量会增加。一般100克绿茶含量25～40毫克。在茶叶加工中采用厌氧静置5～10小时的方式，可使γ-氨基丁酸含量达150毫克/100克。γ-氨基丁酸是一种抑制性神经递质，参与多种代谢活动，有很高的生理活性。

4. 茶叶多糖

茶叶多糖是从茶中提取出来的具有多种生物活性且结构复杂的杂多糖或其复合物。主要由阿拉伯糖、半乳糖和葡萄糖构成，还有核糖、甘露糖和木糖等。粗茶叶多糖还包括蛋白质、果胶、灰分和其他成分。

茶叶多糖的含量与茶类及所用原料的老嫩度有关。从原料老嫩看，老叶多糖含量比嫩叶高。同种茶类级别低的原料更粗老，多糖含量相对高。从茶类来讲，乌龙茶中茶叶多糖含量占茶叶干重的2%～3%，绿茶中的茶叶多糖占茶叶干重的0.8%～1.4%，红茶中的茶叶多糖占茶叶干重的0.4%～0.8%，乌龙茶中的茶叶多糖含量更高，与其原料更粗老有关。

5. 茶叶皂苷

茶叶皂苷包括茶籽皂素和茶叶皂素及根、茎中的皂素。

茶叶皂苷是一类由皂苷元配基（$C_{30}H_{50}O_6$）、糖体和有机酸组成的结构复杂的混合物。不同的皂苷配基与配糖体连接和不同的有机酸与配基的连接以及连接方式的差异，使由皂苷配基、配糖体及有机酸构成的茶皂素是一类结构相似的混合物。从茶树的根、叶、种子及花中分离鉴定出的茶叶皂苷单体50余种。

茶叶皂苷具有抗菌消炎、抗病毒、抗氧化等多种生物学活性，因而备受关注。

第二节

茶的保健作用

中国是最早发现和利用茶的国家,从"神农尝百草,日遇七十二毒,得茶而解之"开始,到秦代《尔雅》和汉代(司马相如)《凡将篇》把茶叶(荈诧)列为20多种草药之一,再到唐代陆羽在《茶经》中提到"苦茶久食、益意思"(引自华佗《食论》)、"轻身换骨,治瘘疮、利小便、祛痰渴热、令人少睡"(引自《本草·木部》),至明代李时珍在《本草纲目》中记载茶性味苦甘、微寒无毒,主治瘘疮、利小便、祛痰热、止渴、令人少睡、有力悦志、下气消食、破热气、清头目,合醋治泻痢。历代都有茶叶药用的记载。

一、茶的传统功效

中医认为茶味苦、甘、性凉,入心、肝、脾、肺、肾五经。苦能泻下、燥湿、降逆,甘能补益缓和,凉能清热、泻火、解毒。因此,茶叶具有以下功效:

消暑解渴:茶气轻浮发散,可清除暑热之邪,又能下泻膀胱之水,以除暑湿,故有消暑解渴之功。

清热明目：茶性凉，能清热，可用于治疗发热、烦躁等热性疾病。茶气轻盈，能循肝经达目，扬障目之邪热，故能疗目疾。

利尿解毒：茶味苦，其气可下行膀胱，以助汽化行水，有利水泻毒的作用。

防睡抗眠：因其性凉，清沁爽神，味甘，可使人神清持久而不欲睡。

消食积去肥腻：茶性飘逸，能升能降，能合胃气之升降，促胃气之运化，故能消食积去肥腻。

二、茶叶成分的功能作用

世界各国对茶叶成分功能作用研究始于19世纪40年代，当时主要是对茶萃取物的化学成分（如咖啡因、茶多酚）进行研究。直至20世纪20—60年代，基本停留在对茶叶化学成分的研究及个别利用方面的探讨。对茶及其内含化学活性成分的功能研究，是近几十年来逐渐兴起的。

茶中含有茶多酚、咖啡因、茶氨酸、茶多糖等功能成分，有抗氧化、抗辐射、抗癌及调节血脂、血压和血糖等生理功能，是公认的健康食品之一。

1. 茶多酚及其氧化产物的功能

（1）抗氧化作用

人体多种疾病的发生，都与自由基过多有密切关系，如心脑血管疾病、呼吸系统疾病、消化系统疾病、内分泌系统疾病以及神经系统疾病等。

茶多酚及其氧化产物可直接清除自由基，避免氧化损伤。此外，茶多酚及其氧化产物可通过作用于产生自由基相关的酶类和络合金属离子，间接清除自由基，发挥抗氧化作用，使其可用于延缓衰老、预防脑退化及保护肝脏等方面。

(2) 对脂类代谢和心血管疾病的影响

血液中脂质主要有胆固醇、甘油三酯、磷脂和游离脂肪酸，与脂质代谢异常与高血压、动脉粥样硬化等心血管疾病密切相关。茶多酚及其氧化产物对于调节脂类代谢、防治心血管疾病有一定的健康效应。

长期或短期摄入茶叶多酚，均有降低实验动物体脂和肝脂的作用。1995年日本原征彦（Y.Hara）以基础膳食组为对照，研究茶多酚对不同鼠龄小鼠的影响，发现摄入茶多酚对12月龄及以上的小鼠有较好的降血脂、降胆固醇作用，认为长期摄入茶多酚能降低血清脂质特别是甘油三酯和胆固醇的含量。

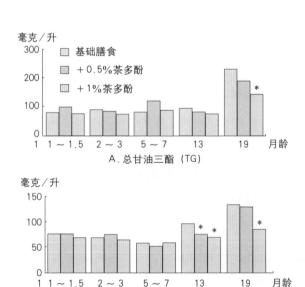

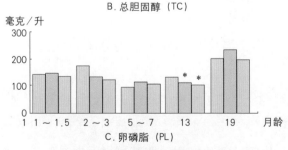

摄入茶多酚对鼠血脂的影响

注：*表示显著水平为0.05时，回归系数是显著的。

资料来源：茶叶科学国际年会（1995）论文集。

（3）抗变态反应和增强免疫功能的作用

茶叶具有抗变态反应能力，且这一能力与公认的抗变态反应极为有效的甜茶相当，不发酵茶的抗变态反应能力优于全发酵茶。

茶多酚具有缓解机体产生过激变态反应的能力，对机体整体的免疫功能有促进作用。茶多酚还通过促进免疫细胞的增殖和增强巨噬细胞的吞噬活性，增强机体的非特异性免疫功能。

（4）抑制突变和癌变的作用

中国和日本在20世纪90年代进行了茶叶抗癌的流行病学研究，日本学者1992年调查发现在茶叶生产和销售地区，胃癌的发病率低于全国平均水平；中国学者于1994年对南北方茶叶饮用量与食道癌发病率之间的关系展开调查，认为饮用绿茶降低了食道癌的 发病率。

大量研究报道显示，茶鲜叶提取液、红茶提取物（茶色素）、绿茶提取液、绿茶单宁、表没食子儿茶素没食子酸酯（EGCG）等具有抗癌活性，主要表现为抑制致癌的促成过程。许多研究者进行的离体试验和动物试验均发现，茶叶抽提物和茶多酚具有抑制胃癌、皮肤癌、十二指肠癌、结肠癌、肝癌、胰脏癌、乳腺癌、前列腺癌和肺癌的作用。

茶多酚抗肿瘤作用主要通过抑制致癌物形成、对抗自由基、直接抑制癌细胞生长及对抗致癌促癌因子等实现。

（5）抑菌消炎和抗病毒作用

①抑菌消炎作用

茶多酚具有广谱抗菌性，对自然界中多数动植物病原菌都有一定的抑制作用；对痢疾杆菌、金色葡萄球菌、伤寒杆菌、霍乱弧菌等多种有害菌有明显抑杀作用。

茶多酚对大多数致病菌最小抑制浓度小于0.1%，这对茶多酚的应用十分有利。

茶多酚对引起人体皮肤病的多种病原真菌（如头部白藓、汗泡状白藓等寄生真菌）有很强的抑制作用，对须发藓菌、红色发藓菌及新型隐球酵母等真菌有抗菌和杀菌活性。通过对这些致病菌的抑制，可预防和治疗某些皮肤病。茶多酚是有效的抑菌剂和抗炎因子，有利于预防和治疗粉刺、痤疮。此外，茶多酚有很好的透皮性，可减轻老年斑和皱纹，改善皮肤粗糙和干燥，对继发性色素沉着有抑制效果。作为广谱抑菌剂、收敛剂、免疫调节剂和抗氧化剂，茶多酚被用于皮肤烧创伤的治疗。

茶多酚对几种细菌孢子及营养细胞的最小抑制浓度

单位：毫克／千克

茶多酚及其组成	肉毒杆菌		枯草芽孢杆菌		脂肪芽孢杆菌		脱硫肠状菌	
	孢子	营养细胞	孢子	营养细胞	孢子	营养细胞	孢子	营养细胞
粗茶多酚	300	< 100	> 1 000	> 800	300	200	< 100	> 1 000
EGC	> 1 000	300	> 1 000	> 800	1 000	300	500	> 1 000
EC	> 1 000	> 1 000	> 1 000	> 800	> 1 000	800	500	> 1 000
EGCG	200	< 100	1 000	> 800	200	200	200	> 1 000
ECG	200	200	900	800	300	< 100	< 100	> 1 000
粗茶黄素	200	200	600	700	300	200	< 100	> 1 000
TF	250	150	> 500	> 1 000	250	200	200	> 1 000
TFG	150	250	> 500	500	—	300	—	> 1 000
TFG_2	100	200	400	400	150	200	100	> 1 000

资料来源：茶叶科学国际年会（1991）论文集第250页。

  茶多酚浓度在1毫克／毫升时能在5分钟内抑制变形链球菌生长，用0.2%茶多酚漱口可使菌斑指数明显下降；茶多酚对牙齿具有直接杀菌和抑菌作用，抑制葡聚糖聚合酶活性的作用，使葡萄糖不能在菌表聚合、病菌无法在牙齿上着床，有效中断龋齿形成。

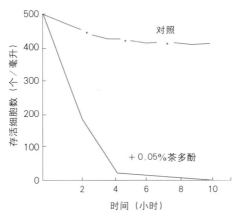

加入0.05%茶多酚对链球菌细胞数的影响

②抗病毒作用

有文献报道，茶叶及其化学成分有抗轮状病毒、甲型肝炎病毒等作用，还是艾滋病毒Ⅰ（HIV-Ⅰ）逆转转录酶的强抑制剂。茶多酚及氧化产物对流感病毒的侵染有一定抑制作用。

（6）抗辐射作用

日本在广岛原子弹爆炸事件幸存者中发现，凡长期饮茶的人，放射病轻、存活率高。20世纪50年代，研究发现茶叶提取物可消除放射性锶对动物的伤害，故茶叶被誉为"原子时代的饮料"。此后，许多国家相继进行研究，如苏联学者用锶-90照射小鼠后定期喂给浓缩茶儿茶素，发现实验组小鼠仍然存活，对照组却因患放射病而死亡，这证实茶对放射线有一定保护作用，且以酯型儿茶素防辐射作用最强。

高能辐射对动物形成伤害的原因之一是形成活性氧自由基，茶多酚可消除电离辐射诱发的超氧阴离子（$O_2^-\cdot$）和羟自由基（$OH\cdot$），具有抗辐射作用。茶多酚也通过增强体内非特异性免疫功能，促进造血和免疫细胞的增殖，增强机体对电离辐射的抵抗力，促进造血功能的恢复。

因此，从事同位素研究、在X射线等辐射环境工作的人，多喝绿茶大有好处。

（7）茶多酚的其他功能作用

①调节毛细血管功能和维生素C增效作用

茶儿茶素，特别是表儿茶素（EC）和表儿茶素没食子酸酯（ECG），能调节血管透性，增强毛细血管弹性，归属维生素P类药物。茶儿茶素胜过目前已知的各种增进毛细血管作用的药物（如芸香苷、七叶苷等），还可稳定人体组织内维生素C的作用而减少紫癜。

②血糖调节作用

茶多酚主体成分儿茶素及其氧化产物茶黄素，对人和动物体内的淀粉酶、蔗糖酶活性有抑制作用，其中茶黄素效果最强。茶多糖也有降血糖作用。因此，喝茶也有预防糖尿病的效果。

③解毒作用

茶多酚可与饮用水和食物中重金属盐（如铅、汞、镉等）、有毒生物碱、亚硝酸盐等反应产生络合物沉淀，因而，饮茶可缓解这些重金属离子的毒害作用。

④清新口气

口臭由多种挥发性化合物引起，包括硫黄化合物（硫化氢、甲硫醇等）、含氮化合物（氨类）、低级脂肪酸、醛类、酮类化合物等。这些物质有的因为口腔疾病、消化系统疾病和呼吸系统疾病而自体内产生，有的来自食物，如大蒜、酒、烟等。儿茶素对口臭主成分如挥发性硫化合物，特别是甲硫醇有显著的除臭效应。

⑤缓解体力疲劳

连续1周每天给小鼠注射含茶多酚生理盐水液，结果其平均游泳时间延长，表明茶多酚可增强小鼠的运动耐力。

2.茶叶咖啡因的功能

（1）对中枢神经系统的兴奋作用

咖啡因能兴奋中枢神经，主要作用于大脑皮层使机体精神振奋，提高工作效率度。饮用茶叶能提高人们的辨别能力，提高味觉、嗅觉及触觉的灵敏度。

（2）强心解痉及对心血管的作用

咖啡因具有松弛平滑肌的功效，可使冠状动脉松弛，促进血液循环。咖啡因作为支气管扩张剂用于哮喘病治疗，辅助心绞痛和心肌梗死治疗。但同样剂量下，咖啡因的效果不如茶叶碱。

咖啡因可引起血管收缩，但对血管壁的直接作用又可使血管扩张。咖啡因直接兴奋心肌的作用可使心动幅度、心率及心排血量增高；但兴奋延髓的迷走神经又使心跳减慢，最终药效为此两种兴奋相互对消的总结果。因此，在不同个体可能出现轻度心动过缓或过速，大剂量茶叶咖啡因可导致心动过速，甚至引起心搏不规则。因此，过量饮用茶叶，偶有心率不齐发生。

（3）助消化、利尿作用

咖啡因通过刺激肠胃促使胃液的分泌，增进食欲、帮助消化。

咖啡因利尿作用是通过提高尿液中水的滤出率以及对膀胱的刺激作用实现的。临床上常用咖啡因排除体内过多的细胞外水分。

（4）对代谢的影响

咖啡因促进机体代谢，使儿茶酚胺含量升高，促进脂肪代谢。咖啡因还可刺激脑干呼吸中心的敏感性，影响二氧化碳的释放，已被用作防止新生儿周期性呼吸停止的药物。

3. 茶氨酸的功能

茶氨酸是茶鲜爽味感的主要成分，化学构造上与脑内活性物质谷氨酰胺、谷氨酸相似。因此，茶氨酸对人体神经系统的影响受到极大关注。

（1）对神经系统的作用

茶氨酸可使神经传导物质多巴胺显著增加，对帕金森症和传导神经功能紊乱等疾病有预防作用。

茶氨酸与兴奋型神经传达物质谷氨酸结构相近，能竞争细胞中谷氨酸结合部位，从而抑制谷氨酸过多引起的神经细胞死亡。茶氨酸可保护神经细胞，抑制短暂脑缺血引起的神经细胞死亡。

人体有4种脑波，α－波在松弛时出现、β－在兴奋时出现、δ－波和θ－波分别在熟睡和打盹时出现。口服茶氨酸可使α－波快速升高，诱导放松状态，使人镇静，对容易烦躁不安的人更有效。部分临床研究指出，茶氨酸具有缓解焦虑、改善心情、提高认知和促进睡眠的功效。

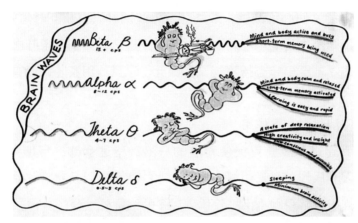

茶氨酸对人脑α－波释放的影响（Kobayashi，1998）
δ－波熟睡时出现，θ－波打盹时出现，α－波松弛时出现，β－兴奋时出现；
cps（cycles per second）：周／秒

（2）对心血管疾病的影响

茶氨酸通过影响脑和末梢神经的色胺等物质，具有一定的降血压作用。1995日本学者Yokogoshi H.等试验发现，高血压自发症大鼠在注射高剂量茶氨酸1 500～2 000毫克／千克后，血压显著降低，收缩压、舒张压及平均血压均明显下降，且降低程度与剂量有关。如将茶氨酸以80～200毫克／千克体重的剂量注射给大鼠，2小时后，可观察到大鼠脑中色胺和5－羟吲哚乙酸减少，色氨酸增加。茶氨酸可能通过调节中枢神经传达物质的浓度来发挥降血压作用，但对血压正常的大鼠没有降血压作用。茶氨酸还可拮抗咖啡因的升血压效应。

（3）抗肿瘤作用及增强抗癌药物疗效

肿瘤细胞的谷氨酰胺代谢比正常细胞活跃得多，因此，茶氨酸作为谷氨酰胺的竞争物，可开发为治疗肿瘤的辅助药物，通过干扰谷氨酰胺的代谢来抑制癌细胞生长。动物试验证明，茶氨酸对小鼠可转移性肿瘤有延缓作用，可延长患白血病小鼠的存活期。

因茶氨酸具有增强抗肿瘤药物的疗效作用，可利用茶氨酸来减少毒性强的抗癌药物剂量及其副作用，使癌症治疗变得更安全有效。茶氨酸可抑制癌细胞的浸润，防止其转移到身体其他部位，且浓度越高，阻碍癌细胞浸润的能力越增强。茶氨酸能抑制抗癌药物从肿瘤细胞中流出，提高多种抗肿瘤药物的疗效，减轻抗癌药物引起的白血球及骨髓细胞减少等副作用。

（4）对免疫系统的作用

茶氨酸有增强免疫的作用。2013年日本学者Katsuhito Nagai等研究发现，采用茶氨酸和半胱氨酸联合治疗感染流感病毒的老龄小鼠，可明显提升血清免疫球蛋白IgM和IgG，明显降低肺病毒浓度。2017年朱飞等报道茶氨酸可增加大鼠脾脏重量，高剂量茶氨酸（400毫克／千克）通过降低血清皮质酮水平、增加血清干扰素－γ水平及提高5-羟色胺和多巴胺含量，改善免疫功能。

（5）其他功能作用

茶氨酸具有一定的镇静作用，可缓解女性经期综合征，包括头痛、腰痛、胸部胀痛、无力、易疲劳、精神无法集中、烦躁等。

茶氨酸是咖啡因的抑制物，能有效抑制高剂量咖啡因引起的兴奋震颤作用和低剂量咖啡因对自发运动神经的强化作用，还有缓解咖啡因推迟睡眠发生和缩短睡眠时间的作用。

4.茶多糖的功能

茶叶活性多糖是由葡萄糖、阿拉伯糖、半乳糖、木糖及果糖等组成的聚合度大于10的复合型杂多糖。茶多糖有降血糖、降血脂、降血压、增强免疫和防治心血管疾病等作用。

（1）降血糖作用

民间有用粗老茶治疗糖尿病的经验。早年在日本京都和宇治地区，人们将马苏茶（Matsucha）作为民间草药治疗糖尿病。1935年，日本京都大学医学部开始采用马苏茶治疗糖尿病，并将一种脱咖啡因的马苏茶作为糖尿病口服药注册登记。20世纪80年代，日本清水岑夫报道茶叶中降血糖成分是茶叶多糖。随后，相继开展的动物口服或腹腔注射实验以及人体口服实验，均显示不同茶类茶多糖均有较好的降血糖效果。

（2）其他功能作用

茶多糖有抗氧化作用，对超氧阴离子和羟自由基等有显著清除效果。茶多糖有增强免疫、抗辐射及降血脂等功能作用。有茶多糖存在的混合成分，对代谢解毒酶活性的提高率均高于任何一种茶叶单体成分，表明茶多糖在一定程度上增强茶叶的防癌功能。

5. 茶皂素的功能

茶皂素也称茶叶皂苷，具有溶血、鱼毒、抗菌消炎、化痰止咳、镇痛、抗癌等药理功能，且由于结构差异，各类茶皂素表现活性也有差异。

（1）溶血和鱼毒作用

茶皂素的水溶液对动物红细胞有破坏作用，会产生溶血现象。茶皂素对红细胞的毒性，主要是由于皂素能与血液中大分子醇（如胆固醇等）结合形成复盐，引起含胆固醇细胞膜的通透性改变，破坏膜引起红细胞血红蛋白类物质的渗透而导致红细胞解体（即溶血）；茶皂素与胆固醇的交互作用，往往是不可逆的。

茶皂素具有鱼毒活性，即使在浓度很低时，对鱼、蛙、蚂蟥等冷血动物同样有毒，原因是破坏鱼鳃的上皮细胞并随着呼吸作用和血液循环进入鳃血管、心脏，使血液中的红细胞产生溶血；茶皂素鱼毒活性的半致死量（LD_{50}）为3.8毫克／升。如果在茶皂素溶液中加入胆固醇等甾醇类物质，这种溶血作用就会消失。水质盐度能促进茶皂素的鱼毒活性，随着水温升高，茶皂素的鱼毒活性增强；茶皂素在碱性条件下会水解并失去活性。

茶皂素对同样以鳃为呼吸器官的对虾无毒，这可能是由于对虾血液携氧载体为含 Cu^{2+} 的血蓝素，且虾鳃是由复杂的几丁质及蛋白质组成的角质层区，与鱼鳃结构截然不同。

茶皂素对高等动物口服无毒。

（2）抗菌作用

茶皂素有抗细菌和霉菌的活性，对多种致病菌（如白色链球菌、大肠杆菌和单细胞真菌）有一定抑制作用，尤其对皮肤致病真菌有良好抑制活性，对多种皮肤病、痛痒有抑制作用。也可抑制食物、衣物和室内霉菌的生长，且安全无毒。茶皂素还有很强的抑制酵母生长的活性，在低浓度下能杀死嗜盐接合酵母菌，随盐浓度升高，抑制作用增强。

（3）抑制酒精吸收及保护肠胃作用

茶皂素可抑制酒精的吸收，降低血液中的酒精含量，有保护肝脏的作用。1993年日本学者Tsukamoto等报道，在试验鼠服用酒精前1小时口服茶皂素，继而服用酒精0.5～3.0小时后血液和肝中乙醇含量均比对照组低，表明茶皂素能抑制酒精吸收，意味着茶皂素有助于缓解因饮酒过量造成的肝损伤。茶皂素还有抑制胃排空和促进肠胃转运的功能，有望在抑制和治疗肠梗阻类的肠胃转运方面的疾病上得到应用。

（4）其他功能作用

抗炎及抗氧化作用：主要表现在炎症初始阶段使受障碍毛细血管透过性正常化。

降脂减重作用：通过阻碍胰脂肪酶活性，减少肠道对脂肪的吸收，有控制体重的作用。皂苷可减少肠道对胆固醇的吸收，有降胆固醇作用。

生物激素样作用：茶皂素能刺激茶苗生长，可作为生长调节剂使用。还可加快对虾生长，原因可能是茶皂素能刺激对虾体内激素分泌，促进其蜕皮，进而加快其生长。

杀虫驱虫作用：茶皂素对鳞翅目昆虫有直接杀灭和拒食的活性，作为生物农药，在农药行业有广泛的应用前景，已在园林花卉领域用作杀虫剂。茶皂素还有杀灭软体动物活性，对血吸虫中间宿主钉螺有杀灭效果。

抑制和杀灭流感病毒的作用：对A型和B型流感病毒、疱疹病毒、麻疹病毒、HIV病毒有抑制作用。可刺激肾上腺皮质机能，还有调节血糖水平和抗高血压作用等。

6. γ - 氨基丁酸的功能

γ - 氨基丁酸是目前研究较为深入的一种重要的抑制性神经递质，有很高的生理活性。人体脑组织中含量为0.1 ~ 0.6毫克／克组织，浓度最高的区域为大脑中黑质。

（1）神经系统的抑制性物质

γ - 氨基丁酸是一种重要的神经系统的抑制性物质，具有镇静神经、抗焦虑作用，联合茶氨酸使用有更显著的缓解焦虑及抗抑郁作用。γ - 氨基丁酸参与多种神经功能调节，并与多种神经功能疾病有关联，如帕金森综合征、癫痫、精神分裂症、迟发性运动障碍和阿尔海默病等。γ - 氨基丁酸对脑血管障碍引起的症状，如偏瘫、记忆障碍、儿童智力发育迟缓及精神幼稚症等，有很好的疗效。γ - 氨基丁酸还被用于尿毒症、睡眠障碍及一氧化碳中毒的治疗药物。在视觉与听觉调控中也有非常重要的作用，并有精神安定作用。

（2）提高脑活力

γ - 氨基丁酸促进脑细胞代谢，同时提高葡萄糖代谢时葡萄糖磷酸酯酶活性，增加乙酰胆碱生成、扩张血管、增加血流量，并降低血氨，促进大脑新陈代谢，恢复脑细胞功能。谷氨酸与γ - 氨基丁酸的代谢调节对学习记忆有重要作用，在一定范围内，谷氨酸与γ - 氨基丁酸的比值升高对学习记忆有促进作用，但比值过高则有抑制作用。

（3）降血压和血糖调节作用

γ-氨基丁酸通过作用于脊髓的血管运动中枢，有效促进血管扩张，具有降血压作用。近年体内外实验均证明，γ-氨基丁酸及其代谢产物 γ-羟基丁酸（GHBA）能抑制血管紧张素转化酶（ACE）活性，具有降血压作用。日本多项人体临床试验也证明，通过膳食补充 γ-氨基丁酸，可降低高血压患者血压，因此日本厚生劳动省允许 γ-氨基丁酸产品宣传降压功效。

γ-氨基丁酸能减缓应激诱导的胰腺 β 细胞凋亡，抑制 I 型糖尿病的炎症反应，可以作为早期 I 型糖尿病治疗剂；通过适当加工富集 γ-氨基丁酸的GABA茶，可显著降低大鼠血糖水平，抑制链脲佐菌素（STZ）诱导的糖尿病大鼠大脑皮质细胞的凋亡和自噬，缓解慢性炎症。

（4）其他功能作用

γ-氨基丁酸还有活化肾功能、改善肝功能、防皮肤老化、消除体臭以及镇痛、抗氧化等功能，是应用于尿毒症、睡眠障碍及一氧化碳中毒的治疗药物。

第三节

茶叶功能成分的代谢和安全性

茶，作为传统饮品，适当饮用有利于健康。茶叶中富含的各种功能成分，已先后被提取分离并应用于一般食品、保健食品及药品等领域，当这些成分以非茶的形式被摄入，其代谢及安全性备受关注。

一、多酚类的代谢和安全性

大量的体内外实验证实，茶多酚有多种功能作用，开展关于茶多酚的生物利用性及代谢动力学研究具有重要意义。

1.多酚类的代谢

表没食子儿茶素没食子酸酯（EGCG）和茶黄素（TF）一直被认为是绿茶和红茶中主要的有效组分。关于这些化合物在动物和人体中的吸收、代谢，有大量的研究报道。

茶多酚主体成分儿茶素类在人体中吸收快，降解也快。饮茶后表没食子儿茶素没食子酸酯（EGCG）、表儿茶素没食子酯（ECG）等主要儿茶素类在人体中很快被吸收，饮茶3～5小时后血浆EGCG浓度达峰值，ECG和表没食子儿茶素（EGC）浓度达峰值的时间更短一些。EGCG在血浆中的半衰期3.9小时、ECG 6.9小时、EGC 1.7小时；EGCG于饮茶后5小时内在血液中浓度即可降至15%左右。D-儿茶素没食子酸脂（D-CG）在小肠中含量高，主要通过胆汁代谢，粪便排泄；EGC、表儿茶素（EC）在肾脏中含量最高，主要通过尿液排出体外。

2. 茶多酚的安全性

试验显示，茶多酚（TP）急性毒性小鼠半致死量（LD_{50}）为2 496～2 816毫克/千克体重，有中等蓄积性，阿姆斯（Ames）试验突变性为阴性。

亚急性毒性试验中，以0.1%茶多酚浓度饲喂6周后，小鼠血红蛋白、红细胞数、白细胞数、体重、肝重、胸腺和脾脏的细胞数与对照组均无差别。药理试验显示，将茶多酚按成人剂量灌入麻醉狗肠内，连续4小时记录血压、心电、呼吸与肠道活动，结果均在正常范围内，与给药前无明显差别。

慢性毒性试验显示，将茶多酚以成人剂量的20倍和40倍连续喂饲狗3个月，结果服茶多酚的狗食量与体重较对照组增加，但6周后，高剂量组体重增加渐缓，与对照组相似，其他表现如行为、大小便、心电图、血常规、血液生化指标、尸体解剖和脏器组织病理学检查均正常，与对照组比较无显著差别；用21倍、107倍和214倍给大鼠连续灌胃4个月，与用药前及对照组比较，也未发现形态和功能方面的改变。

果蝇终生喂饲0.1%茶多酚，对其寿命没有影响，饲喂低剂量时能延长其寿命，阿姆斯（Ames）试验中连续以茶多酚半致死量（LD_{50}）的1/10剂量饲喂小鼠20天，对同类染色体交换无作用，可见茶多酚半致死量（LD_{50}）的1/20剂量是无毒、无积累的。因此，1990年第11届全国食品添加剂标准技术委员会将茶多酚列入标准。从此，茶多酚作为天然的抗氧化剂被广泛应用于食品加工和保藏中。

二、咖啡因的代谢和安全性

咖啡因除了存在于天然的咖啡、茶叶、可可中，还作为添加剂添加到可乐型的饮料和缓解体力疲劳的保健食品中。嗜好含咖啡因较多的饮料和保健食品，有咖啡因摄入过多的可能。

1. 有关咖啡因安全性的争论

最早关于咖啡因毒性的报道是1951年英国发表的一份关于咖啡因有诱变大肠杆菌作用的试验报告。接着美国、日本也有大剂量咖啡因引起孕鼠死胎、畸胎的试验报告。20世纪80年代，相继有咖啡因不同剂量影响的报道，每天以每公斤体重150毫克咖啡因剂量混在饮水中喂怀孕小鼠，会导致胎鼠的体重下降、骨化延缓并有少量腭裂；每天以每公斤体重25 ~ 39毫克咖啡因剂量连续4代喂实验小鼠，未发现对生殖、性成熟年龄、窝的大小、断奶时体重、性别比和畸胎率有剂量效应关系。以上实验中，咖啡因用量远超人类每日实际摄入量。相当于一个体重60千克的人每天摄入2 000 ~ 9 000毫克咖啡因，按茶叶咖啡因含量3%计，约相当于摄入60 ~ 300克的茶叶，这在现实中是不可能的。

1972—1982年，美国食品药品管理局组织专家进行了一系列人群流行病学调查，发现人群在饮用和食用咖啡因条件下没有发生不良影响，咖啡因摄入量在每天每公斤体重30毫克时对人体健康无任何影响。1984年美国食品药品管理局发表结论认为：据大多数动物上的实验结果，需在远比人类接触剂量高的条件下才能产生有害效应，因此不能认为咖啡因对人类生殖机能有不良作用；并确定咖啡因的无作用剂量为每天每公斤体重40毫克（约相当于体重60千克的人每天摄入80克茶叶）。因此，可以认为，从茶叶中摄入咖啡因量是安全的。

2. 咖啡因的代谢及使用要求

咖啡因是一种在人体内迅速代谢并排出体外的化合物，半衰期

2.5～4.5小时。摄入体内的咖啡因，有90%生成甲基尿酸排出体外，10%不经代谢直接排出体外，在体内无蓄积作用。

咖啡因是安全范围较大、不良反应轻微的药物和食品添加剂。长期饮用会轻度成瘾，一旦停用可表现短期头痛或不适，继续停用则不适感自然消失。摄入中毒剂量咖啡因，会引起阵挛性惊厥，可用巴比妥类药物对抗治疗。正常饮用剂量下，咖啡因对人无致畸、致癌和致突变作用，而有提神醒脑等功能特性。

三、茶氨酸的代谢及安全性

1. 茶氨酸的代谢

同其他氨基酸一样，茶氨酸在肠道中被吸收，其后迅速进入血液并输送至肝部、脑组织。茶氨酸在体内的代谢动力学变化表明，小鼠经口灌胃1小时后，鼠血清、脑及肝中的茶氨酸浓度明显增加；随时间延长，血清和肝中的茶氨酸浓度逐渐降低，而脑中茶氨酸浓度则继续保持增长趋势，直到灌胃5小时后浓度达最高值；24小时后这些组织中的茶氨酸都消失。人体服用茶氨酸后，尿液中可检测到茶氨酸、谷氨酸和乙胺三种物质，而且这些物质在尿液中的含量与服用量成正比，说明茶氨酸的代谢部位可能是肾脏，一部分在肾脏被分解为乙胺和谷氨酸后通过尿排出体外，另一部分直接排出体外。

EGCG和EGC等主要儿茶素类在进入人体后会很快代谢并转化成其他儿茶素和代谢物。这些代谢物的活性将成为研究的热点。现已发现EGCG的两种O-甲基衍生物抗过敏活性大于EGCG。与此类似的茶黄素的衍生物茶黄素-3-没食子酸脂（TF_3）对降血脂、抗氧化和抑制信息传递的活性也高于茶黄素（TF）和茶黄素3（TF_2），甚至高于EGCG。

2. 茶氨酸的安全性

在茶氨酸亚急性毒性试验中，未见大鼠有任何毒性反应；致突变实验中，未见任何诱变作用；细菌回复突变实验中，未导致基因变异。茶氨酸是一种安全无毒、具有多种生理功能的天然食品添加剂，在使用时不进行限量规定。

四、茶多糖的代谢及安全性

茶多糖进入人体后，主要通过肠道酶作用最终分解为单糖分子被吸收，由血液送入人体各组织细胞，在细胞内氧化释放能量，供人体需要。急性毒性试验表明，小鼠腹腔注射茶多糖的最大耐受量高于1克／千克体重。茶多糖属低毒安全品，无副作用；其用量可根据需要而定。

五、茶叶皂苷的代谢及安全性

急性毒性试验中，小鼠口服茶皂素（每公斤体重2 000毫克）1周，未发现毒性，且试验小鼠体重、摄食量及内脏、血液检查结果均无异常。日本学者Kawaguchi在1994年即报道每天以每公斤体重口服茶皂素150毫克对雌雄试验鼠都未产生任何副作用。可见，茶皂素作为食品添加剂是安全的；喝茶时，不必担心茶皂素的溶血性。

第四节

茶叶功能成分的应用

一、茶多酚的应用

1.在食品工业的应用

茶多酚是从茶中提取的天然抗氧化剂，具有抗氧化能力，可防止食品褪色，有消炎杀菌等作用。作为抗氧化剂、食品保鲜剂和天然色素稳定剂，茶多酚可用于油脂、油炸马铃薯片、方便面、腌腊肉类制品、酱卤肉制品、油炸肉类、西式火腿、发酵肉制品及水产制品等，在食品中起护色保鲜的作用。具体应用可参见《食品安全国家标准 食品添加剂 茶多酚（又名维多酚）》（GB 1886.211—2016）。

2.在医药及保健行业的应用

利用儿茶素制成抑制氧化、抗突变及抗衰老的新型药物。美国将绿茶作为预防癌症的膳食补充剂应用。茶多酚的抗辐射作用众所周知，我国已将茶叶浓缩物作为辐射治疗后的升白剂在临床中应用。目前，市场上有采用茶多酚与银杏、三七、山楂等合用开发活血降脂的保健食品，有茶多酚与左旋肉碱合用开发的减肥降脂产品等。

摄入含绿茶提取物的药品和保健品，按说明书或医嘱服用是安全的；但应注意不要擅自超量服用，要警惕和其他中草药制剂一同服用的情况。

3.在卫生保健方面的应用

茶多酚作为主要辅料制备外用软膏，可用于化脓性感染的烧伤、外伤等的治疗。茶儿茶素具有与烟草主流烟气中的部分物质相结合的作用，可考虑在保持吸烟者牙齿洁白方面起作用，在牙膏配料中加0.04%表没食子儿茶素没食子酸酯（EGCG）用于日常刷牙，使人口感清爽、精神爽快。

此外，茶多酚在洗漱用品、护肤品、纺织品及动物饲料等领域的应用日益广泛，包括用于化妆水、面膜和香皂等日化用品，开发成含茶多酚的空气清新剂以及添加茶多酚的抗菌口罩、手套、工作服、卫生纸和尿布等。还有将茶多酚添加到家禽饲料中以改善家禽生产性能等相关报道。

总之，从生物资源利用方面看，茶多酚的利用不局限于饮茶，在食品工业、医药卫生及日用化工等方面都大有开发利用的前景。

二、茶叶咖啡因的应用

咖啡因在医药领域被应用于兴奋中枢和血管运动中枢，缓解严重传染病和中枢抑制药中毒引起的中枢抑制，能直接舒张皮肤血管、肺肾血管和兴奋心肌。很多止痛药、感冒药、强心剂、抗过敏药中都含有咖啡因。临床上咖啡因常与解热镇痛药配伍以增强镇痛效果，与麦角胺合用治疗偏头痛，与溴化物合用治疗神经衰弱。

咖啡因是兴奋剂、苦味剂和香料。已被160多个国家和地区准许在饮料中作为苦味剂使用，最大许可用量在100～200毫克／千克。联合国粮食及农业组织／世界卫生组织规定咖啡因最高允许用量为200毫克／千克。我国（GB 14758—2010）《食品安全国家标准 食品添加剂》使用标准规定，咖啡因在可乐型碳酸饮料中的最大使用量为0.15克／千克。

三、茶氨酸的应用

茶氨酸可被用于普通食品和保健食品。目前开发的保健食品有单一茶氨酸、茶氨酸与褪黑激素合用，茶氨酸与 γ-氨基丁酸、酸枣仁、菊花、大枣、茯苓和百合等药食两用的食物资源合用开发的安神助眠的膳食补充剂或功能食品；一般茶氨酸摄入量以每天不超过0.4克为宜。茶氨酸能抑制苦味、改善食品风味，可广泛用于点心、糖果及果冻、饮料、口香糖等食品中；茶氨酸摄入量不受限制，可按需添加。

四、茶皂素的应用

茶皂素是一种性能良好的天然表面活性剂，可广泛用于日化工业作清洁剂、林产工业作乳化剂、机械工业作减磨剂以及啤酒工业作发泡剂等。

茶皂素是毛纺织品、丝织品和棉纺品的优良洗涤剂；茶皂素的杀菌消炎和去屑止痒等功能，使其被应用于洗发水、沐浴露、花露水、洗手液和护手霜等产品。

茶皂素也被应用于清凉饮料和酒类中（24～50毫克／升），以防止酵母生长，保持酒质稳定。日本专利报道，将茶皂素改性为 α-糖基茶皂素，可用于多种药物、保健食品及饮料中。在医药上，茶皂素可作为祛痰止咳剂和凝血剂等应用；其浅部抗真菌作用，可应用于防治荨麻疹、湿疹、夏日皮炎等。

在农药行业，茶皂素可作为杀虫剂，茶皂素（0.39毫克／毫升以上）对枯萎病原真菌有抑制作用，对联苯菊酯防治白蚁有增效作用。

五、茶叶 γ-氨基丁酸的应用

γ-氨基丁酸为抑制性神经递质，可由脑部的谷氨酸转化而成；但随着人体年龄增长和精神压力加大，γ-氨基丁酸积累困难，通过日常饮食补充可有效改善这种状况。

γ-氨基丁酸可应用于功能性乳制品、运动食品、饮料、可可制品、糖果、焙烤食品和膨化食品等，但不包括婴幼儿食品。2007年日本可口可乐公司推出了具有放松和抗紧张功效的 γ-氨基丁酸功能性饮料水动乐(Aquarius Sharp Charge)。日本已开发富 γ-氨基丁酸的降血压茶，称 Gabaron 茶（也称 GABA 茶或伽马茶）。

已有 γ-氨基丁酸和茶氨酸合用开发的安神助眠产品，其 γ-氨基丁酸剂量一般每天不超过0.5克。

第五节

合理饮茶与健康

中国是茶的故乡，有着悠久的茶的利用史，在茶从药用到饮用的过程中，发明了多种多样的茶类。不同的茶类，由于选择原料及加工方式差异，风味和茶性不同，除了个人喜好，饮茶选择也与季节、人群以及职业等有关。

一、四季与茶饮

从茶性上看，花茶由于添加了茉莉花等香花，其中的芳香物质可促进阳气发生，春季饮用，有散发冬季郁积在体内的寒气的作用；绿茶是不发酵茶，性味苦寒，有清暑解毒，增强肠胃功能、促消化，防腹泻与皮肤感染的作用，适合夏季饮用；青茶是半发酵茶，不寒不热，能清除体内余热，使人神清气爽，宜秋季饮用；红茶是全发酵茶，味甘性温，使人精力充沛，冬季饮用较好。

茶饮（穆祥桐　图）

二、人群与茶饮

由于咖啡因的兴奋作用，一般建议女性在孕期、哺乳期和经期要控制饮茶。孕妇大量摄入咖啡因，可能引起流产、早产以及新生儿的体重下降，应慎用。经期过量饮茶，可能会引起经痛、经血过多及经期过长的现象。哺乳期大量摄入含咖啡因的茶，可能影响乳汁的分泌。

心动过速的心脏病患者以及心、肾功能减退的病人，一般不宜喝浓茶，以饮用淡茶为宜，或者选用咖啡因较低的茶叶，一次饮用的茶水也不宜过多，以免加重心肾负担。

咖啡因是嘌呤类生物碱，代谢后产生尿酸，加上咖啡因的兴奋作用和茶多酚的收敛作用，一些特殊疾病患者如痛风、严重便秘者、神经衰弱或失眠症患者，也要控制茶饮，宜选择淡茶或者发酵茶。

从年龄来看，儿童因神经、消化等器官较为稚嫩，对咖啡因等不耐受，不宜饮茶，或宜饮淡茶；青春期对微量元素需求量高，宜选用绿茶；经前期紧张的女性，宜选用可舒肝解郁的花茶；老人不宜饮用易引起便秘的红茶。

从职业来看，经常使用电脑办公的人，宜饮有抗辐射作用的绿茶。

三、饮茶与矿物质吸收利用

一般建议缺铁性贫血、缺钙或骨折、泌尿系统结石患者、更年期女性不宜多饮茶或少喝浓茶。过量饮茶、摄入较多茶多酚和咖啡因，会促进体内矿物质（如钙、镁、钠等）排泄，使骨密度下降，可能是引发骨质疏松症的原因之一。

薄云红等短期动物实验（7天）发现，茶多酚浸出液明显降低大鼠血清铁蛋白、血清铁及全血铁含量；兔子体内血清铁及全血铁含量下降，血清铁蛋白无明显变化；这表明茶多酚在短期动物实验中确实会影响铁代谢。日本东京医科大学短期实验（7天）的结果与薄云红的实验结果相似，但在30天以上的长期铁平衡实验中发现，茶不会影响动物铁的吸收和血清铁水平，相反，饮茶组的血清铁还略高于对照组（实验剂量相当于一个体重60千克的人每天摄入2 400毫克茶多酚，按茶多酚含量24%～36%计，相当于一个成人每天喝2～4杯茶）。

因此，关于茶叶与矿物质吸收利用的关系，还需要更多的研究数据支持。作为个体，可选择喝淡茶、红茶或者熟普等发酵茶。

四、空腹饮茶的问题

空腹饮茶常会出现胃不舒服和头昏心悸的情况，尤其是咖啡因敏感人群在喝绿茶和普洱生茶时，更易出现这种情况，原因可能是咖啡因刺激胃酸分泌而诱发肠胃不适，这与绿茶、普洱生茶中咖啡因以游离形式存在和易释放有关。有这种情况的饮茶者，只要留意喝茶的方式，就可避免出现肠胃不适的现象，比如可考虑将第一泡茶倒掉，因咖啡因比茶多酚、茶氨酸等茶叶有效成分溶于水的速度更快，倒掉第一泡茶水，咖啡因去掉很多但其他有益成分损失不多；其次可选用红茶、普洱熟茶等发酵茶，其咖啡因主要以络合形式存在，可减少对胃肠的刺激作用。

第七章 / 茶史与民族茶俗

茶在我国各地区、民族生活中产生不同的风俗，是中国茶文化的重要组成部分，也是茶作为健康饮品的鲜明标志。同时，在不同时代、不同民族，茶俗的特点和内容具有地域性、社会性、传承性和自发性，涉及社会的经济、政治、信仰等各个层面。

第一节

三千年流传有序

中国人在发现茶以后，深得茶之助益，便将茶树引入园内实行人工栽培。随着茶产量提高，饮茶者愈来愈多，在儒、释、道诸家提倡之下，遂成风俗，并融入王公贵族、文人墨客以及庶民百姓日常生活中，逐步发展为国人以茶为载体，表达人与人之间、人与自然之间各种理想、信念、情感、诉求的文化现象。

饮茶文化在中国，经历了萌芽、兴盛、变革、转折、全面复兴等五个阶段，三千年流传有序。

（一）萌芽时期（前221—617年）

起源于巴蜀，经秦、汉、魏晋南北朝逐渐向中国北方和长江中下游传播，饮茶由上层社会向民间发展，茶的产地已经扩展到四川、湖北、湖南、河南、浙江、江苏、安徽等地。晋代杜育《荈赋》记载："灵山惟岳，奇产所钟。厥生荈草，弥谷被岗。"晋人张载《登成都白菟楼》诗云："芳茶冠六清，溢味播九区。"反映了茶的种植、品饮与传播等情况。

魏晋南北朝时期，茶因可提神益思，具有养生之功，又与尚俭之风契合，开始与道家、儒家的思想发生联系，并作为一种精神文化开始萌芽。例如，茶被认为具有养生益寿的神奇作用。南朝陶弘景《杂录》记载："苦茶轻身换骨，昔丹丘子、黄山君服之。"后来慢慢发展为追求身心和谐，养性延年效果。与此同时，饮茶与儒家思想也逐渐相通。儒家提倡温、良、恭、俭、让，修养途径是穷独兼达、正己正人；既要积极进取，又要洁身自好。在魏晋时期，由于流行官吏及士人以夸豪斗富为荣，对于这种奢靡的社会风气，一些有识之士提出了"养廉"，如陆纳任吴兴太守时，以茶待客，秉持素业；桓温任扬州牧时，秉性节俭，以茶下饭。

（二）兴盛时期（618—1367年）

唐代茶叶消费的兴盛，极大地促进了生产的发展，种茶的规模和范围不断扩展。据唐代陆羽《茶经·八之出》记载，全国茶叶产地分为山南、淮南、浙西、剑南、浙东、黔中、江南、岭南八大区，涉及43个州（郡）遍及今长江流域及其以南的14个省份，其茶叶产区达到了与我国近代茶区相当的局面，并已出现一批名茶，如剑南蒙顶石花、湖州顾渚紫笋、峡州碧涧及明月茶、福州方山露芽等。

唐代长沙窑茶盏子

陆羽《茶经》奠定了中国古代茶学的理论基础，成为中国古代茶学的百科全书；他不仅对用火、择水、茶器、煮茶、饮茶等"九难"有了科学的思考，还把中国传统文化中儒、释、道诸家思想融汇其中，提倡饮茶的俭约之道，强调茶人需有精行俭德的品格和高尚情操，并把饮茶作为道德修养和心灵净化的方式，首创中国茶道精神。品茶成为文人生活中不可或缺的内容，文人雅士争相讴歌茶事，许多诗人如皎然、白居易、元稹、卢仝等，都留下大量脍炙人口的茶诗。茶与佛教的关系进一步紧密，唐代封演《封氏闻见记》云："开元中，泰山灵岩寺有降魔师，大兴禅教，学师者务于不寐，又不夕食，皆许其饮茶。人自怀挟，到处煮茶，从此转相仿效，遂成风俗。"

到了宋代，随着茶叶在社会、经济、政治乃至军事上地位日趋重要，茶区不断扩大，产量进一步提高，市场逐步完善。茶叶生产中心由西南向东南转移，朝廷在建州（今福建建瓯）北苑设立"龙焙"，生产贡茶。随之兴起的是点茶、斗茶之风，彰显宋代饮茶游艺而浪漫的气息。

北苑贡茶：瑞云翔龙

上层社会嗜茶成风，宋徽宗赵佶撰写《大观茶论》，进一步助推了当时的饮茶风气，认为茶可"祛襟涤滞，致清导和"，茶有"冲澹简洁，韵高致静"的特点。丁谓、蔡襄等创制的龙凤团茶技术较之唐代团饼茶有较大改进，日趋精细，茶叶生产和贸易的空前发展，为宋王朝提供了巨大财政收入，因而朝廷对茶税的征收更加重视，实行了严格的榷茶制度。朝廷在各茶区共设置了6个榷货务和13个山场，专管茶叶专卖和贸易，通过实行"茶马互市"制度，控制对边境少数民族的茶叶贸易。

此外，宋代饮茶文化的兴盛，还体现在茶馆的兴旺。据宋代《东京梦华录》记载，汴梁城皇宫附近的朱雀门外，街巷南面的道路东西两旁，"皆民居或茶坊"，吴自牧《梦粱录》记载南宋都城临安城里"茶肆林立"，《清明上河图》也有众人在茶馆饮茶的图景。

南宋周季常《五百罗汉图·喫茶（局部）》

（三）变革时期（1368—1643年）

明代是中国茶业变革的重要时代，也是茶文化发展的又一鼎盛时期。宋末以来，民间饮用散茶的风气日盛，至明洪武二十四年（1391），明太祖朱元璋下诏"罢造龙团，惟采芽茶以进"，散茶生产和加工技术开始大发展，先是蒸青散茶流行，后来炒青和烘青生产更盛，绿茶进入全盛时期。明代推崇茶的自然色香味，创制了在贡茶中加入香料以增益茶香的"熏香茶"做法（朱权《茶谱》），以各种鲜花为原料加工花茶的方法（钱椿年《茶谱》）。王复礼《茶说》中介绍了武夷茶的晒青、摇青、炒制和烘焙方法，可见武夷岩茶（乌龙茶）加工工艺在清初以前已见雏形。时称"武夷茶"（Bohea Tea），是风靡世界的红茶。而炒制过程中使用"闷黄"技术生产的黄茶，则始于1570年前后。黑茶生产虽可追溯到11世纪前后四川"乌茶"生产，但繁荣也在这一时期。

明代仇英《东林图（局部）》

明代也是中国饮茶方式重大变革时期。散茶的普及以及对茶的自然色香味的推崇，催生了泡茶法的形成与流行。明中叶，以散茶直接用沸水冲沦的"泡茶法"逐渐流行，并成为后世饮茶的主流。

明代还是茶具发展的变革时期。自明正德年间，江苏宜兴的紫砂茶器显赫一时，因其质朴高雅、利于发茶之色香味，深受时人喜爱。

（四）转折时期（1644—1948年）

清代是中国茶文化发展由顶峰走向低谷的转折期，茶业大起大落。清初由于资本主义商品经济的发展，国内外市场的扩大，茶叶消费量的增加，茶业一度持续发展，茶叶出口大增，到鸦片战争前产量达到了顶峰。

清中后期，茶文化西传、走向国际。18世纪，茶叶成为中西贸易的主要商品，中国茶叶输出量急剧增加，茶叶外销比17世纪增长了400多倍。19世纪前40年，中国出口茶叶750万吨，比18世纪还多30余万吨。鸦片战争以后，中国茶叶对外输出量更是持续增长，1840—1870年的30年间，中国出口茶叶年均达到14.5万吨，超过此前整个中国古代茶叶出口的总量。19世纪70年代以后，印度茶业逐渐实现机械化，茶叶产量和出口量不断增长，至1929年印度茶叶出口超过中国。斯里兰卡1937年茶叶出口量超过中国，成为世界第二大茶叶输出国。

到了清晚期，在印度、斯里兰卡等国茶业的冲击下，中国茶叶出口量自1888年持续下跌，于1949年减少到4 500吨的低谷。

（五）全面复兴时期（1949年至今）

中华人民共和国成立后，政府高度重视，茶产业得到迅速恢复和发展，特别是在改革开放以后，茶产业持续快速发展，全国茶园面积持续扩大。目前，中国茶园面积和产量均居世界第一位，茶叶出口居世界第二位。中国已建立起比较完整的茶业科研和教育体系，国内有70多所高校设有茶学专业，形成了比较完整的高等茶学教育和人才培养体系。茶学学术团体、茶叶行业协会的工作充满活力，每年有大量茶学专著问世，茶学专业期刊十余种，推动了茶科学和茶文化知识的推广和普及。在茶叶经济飞速发展的同时，中国茶文化事业也随着兴旺发达起来。

1990年后，随着茶艺活动兴起与繁荣，全国和地方性的茶艺表演、茶艺技能比赛不断举办，茶艺师已成为一种新兴职业。各地举办各种茶文化学术活动，促进了茶文化的推广和普及。21世纪以来，茶产业从作为助力脱贫攻坚战的重要产业，到如今成为乡村振兴的支柱产业，在国家社会经济生活中扮演越来越重要的角色。喝茶，喝好茶，成为人民美好生活的重要表征之一。茶文化、茶科技、茶产业如何统筹发展，成为研究与实践的新课题。

随着科技的进步，现代分离纯化技术的不断创新以及医学、茶学学科的发展，茶的功效与作用机制不断得到科学阐明，茶的利用日益多元化，进入饮茶、吃茶、用茶、赏茶并举的全面复兴时期。

第二节

五十六个民族皆饮茶

  我国地域广阔，各族人民均喜以茶为饮，故形成的饮茶习俗十分丰富，千姿百态。其中，赶茶场、潮州工夫茶艺、赣南客家擂茶制作技艺、富春茶点制作技艺、白族三道茶、瑶族油茶习俗等作为"中国传统制茶技艺及其相关习俗"子项，入选联合国教科文组织人类非物质文化遗产代表作名录。现参考《中国茶叶大辞典》《中国茶经》，将部分茶俗介绍于后。

清末北京大碗茶（1916年邮政明信片，刘波　图）

（一）三道茶

流行于云南大理白族居住地区。"三道茶"为主人依次向宾客敬献苦茶、甜茶、回味茶三种，既有清凉解暑、滋阴润肺的功能，又可以陶情养性，寄寓"一苦、二甜、三回味"的人生哲理。第一道苦茶，采用大理产感通茶，用特制陶罐烘烤冲沏，茶汤浓酽。第二道甜茶，以下关沱茶，并配以红糖、乳扇、核桃等，滋味香甜适口。第三道回味茶，以苍山雪绿茶、冬蜂蜜、椒、姜、桂皮等为主料泡制而成，生津回味，润人肺腑。品尝"三道茶"，伴以白族民间的诗、歌、乐、舞，为白族待客交友的高雅礼仪。

（二）龙虎斗

流行于云南纳西族聚居区。将茶叶放入小土陶罐，在火塘边烘烤，待茶呈焦黄色、发出香味时，注入开水接着熬煮。在空茶盅中倒入半盅白酒，待茶煮好后，将茶水冲入盛有白酒的茶盅，此时茶盅里发出悦耳声响，戏称龙虎斗，随后便将茶送给客人饮用，滋味别具特色。纳西族人以之作为治疗感冒的良方。

（三）雷响茶

流行于云南怒江一带傈僳族居住地区。用大瓦罐煨开水，小瓦罐烤饼茶，待茶烤香后注入开水并熬煮约5分钟，滤去茶渣，将茶汤倒入酥油桶，再加酥油及炒熟后碾碎的核桃仁、花生米、盐巴或糖等，最后将钻有洞孔的鹅卵石用火熏红放入桶内，以提高茶汤温度、融化酥油。由于鹅卵石在桶内作响，有如雷鸣，故称"雷响茶"。响过，用木杵上下搅打，使酥油溶于茶汤，即可趁热饮用。

（四）三炮台盖碗茶

流行于西北回族聚居区。因盛茶水的盖碗是由衬碟、喇叭口茶碗和碗盖三件茶具组成，故称"三炮台"。取 50克冰糖、3～4克湖南茯茶或云南沱茶、4颗桂圆，用盖碗冲泡后焖5分钟即成。若再加葡萄干和杏干，就称为"五香茶"。配制后，冲入开水，盖好碗盖，端给客人。饮用时左手托起茶碗，右手揭盖，用碗盖将浮在水面的茶叶、桂圆轻轻刮去，只喝茶水，边刮边喝，叫"刮碗子"。边喝边续水，直至冰糖溶解、桂圆泡涨，不再加水。

（五）擂茶

又名打油茶，流行于土家族聚居区。擂茶是用新鲜茶叶、生姜和生米仁等三种生原料，经混合研碎并加水烹煮而成的汤。土家族认为擂茶既是充饥解渴的食物，又是祛湿祛寒的良药。平时人们中午干活回家，在用餐前总以喝几碗擂茶为快。有的老年人如果一天不喝擂茶，就会感到全身乏力，精神不爽，视喝擂茶如同吃饭一样重要。

土家族老人吃油茶汤

（六）打油茶

亦称"油茶汤"，流行于桂、湘、黔、渝以及周边地区，尤以广西恭城的侗族居住地区最为普遍。用料有茶籽油、茶叶、阴米（糯米蒸后晾干）、花生仁、黄豆和葱花；讲究的油茶，还需加糯米水圆、白糍粑、虾公、鱼仔、猪肝、粉肠等。架锅生火，先用油炸阴米，成黄白色的米花；再炸糍粑，炒花生、黄豆，煮熟猪肝、粉肠、虾公和鱼仔，将各种配料分别均匀盛放客碗中；之后，煮茶水，即把猪油倒入热锅，放一小把籼米或阴米，待炒到冒烟、嗅出焦味时，把茶叶与焦米一起拌炒，待锅冒青烟时，倒入清水并加少量食盐同煮。喝茶时，由主妇用汤勺将沸腾的茶水倒入装有各种配料的客碗中即成。按照当地风俗，每人需饮三碗。茶行三遍，才算对得起主人，故有"三碗不见外"之说；重庆南部山区农民将其作为每日必备饮料，故又称"干劲汤"。

（七）酥油茶

流行于西藏、四川、青海藏族聚居区。藏族群众常年以奶肉、糌粑为主食，"其腥肉之食，非茶不消，青稞之热，非茶不解"，茶叶是维生素营养补充的主要来源。藏族喝得最普遍的是酥油茶。酥油茶是一种在茶汤中加入酥油等原料，再经特殊方法加工而成的茶。茶一般选用的是紧压茶类中的康砖茶、金尖等。制作酥油茶时，一般先用锅烧水，待水煮沸后，再用刀把紧压茶捣碎，放入沸水中煮，待茶汁浸出后，滤去茶渣，把茶汤倒进长圆柱形的打茶筒内。与此同时，

藏族巴珍老人打酥油茶

用牛奶制成牦牛乳酪——酥油，倒入盛有茶汤的打茶筒内，再放入适量的盐。这时，盖住打茶筒，用手把住直立茶筒之中、上下移动的长棒，不断舂打、搅拌。待茶、酥油、盐、糖等融为一体。喝酥油茶是很讲究礼节的，大凡宾客上门入座后，主妇立即会奉上糌粑——一种用炒熟的青稞粉和茶汁调制成的团子。随后，再分别递上一只茶碗，主妇礼貌地按辈分大小，先长后幼，向众宾客一一倒上酥油茶，再热情地邀请大家用茶。

（八）功夫茶

亦作"工夫茶"，流行于广州、珠江三角洲和潮汕地区，亦流行于厦漳泉一带。清代黄锡蕃《闽杂纪》："漳泉人惟遇知己，方煮佳茗，器具精良，壶必阳羡名手，杯必成窑淡青，罗列斋中，以为雅玩。"广州人均茶叶消费量居全国各大城市之首。除家庭饮茶，还以茶楼饮茶为风尚。其中，潮汕功夫茶，讲究茶器，有烹茶四宝：玉书煨，一把放在风炉上煮水用的小陶壶；孟臣罐，一把普通橘子大小的紫砂壶，用以泡茶；若深杯，用于饮茶的品茗杯。冲泡功夫茶，包含21道程序：茶具讲示，茶师净手，泥炉生火，砂铫淘水，榄炭煮水，开水热罐，再温茶盅，茗倾素纸，壶纳乌龙，甘泉洗茶，提铫高冲，壶盖刮沫，淋盖追热，烫杯滚杯，低洒茶汤，关公巡城，韩信点兵，敬请品茗，先闻茶香，和气细啜，三嗅杯底、瑞气和融。形式独特鲜明，节奏快慢相成，张弛有度。冲泡过程讲究水温、节奏，品饮过程注重礼仪谦让，宾主相敬，长先幼后，彰显和谐圆融的精神。

1999年陈香白向日本茶文化学者斋藤美和子介绍功夫茶

中华民族饮茶风俗丰富，大多数民众将饮茶的精神贯彻于生产生活、衣食住行、婚丧嫁娶、人生礼俗、日常交往之中，表现出质朴、简洁而明朗的风格，亦更多地反映了人们对美好、和谐生活的追求与向往。

第三节

"客来敬茶"讲礼仪

礼是中国传统文化的核心，与中国传统道德浑然一体，并通过各种形式表达其思想与内涵。其中"诚"与"敬"是重要的内核元素。表达敬意的方式有很多，包括敬语、容貌、服饰、进退、揖让、先后等。其中敬茶及其相关礼仪就是重要的表敬意方式。

茶在冲泡品饮之中，渗透着宾主之礼和亲朋之情。江南人家对于客人来访，无论远近、亲疏、熟悉和陌生，首先会泡上一杯茶，既表现一种礼节，也展现了君子之交淡如水的礼仪。明人许次纾在《茶疏》中说："宾朋杂沓，止堪交错觥筹。乍会泛交，仅须常品酬酢。惟素心同调，彼此畅适，清言雄辩，脱略形骸，始可呼童篝火，酌水点汤。"他认为，志趣相投，朋友相遇，惟有活火现烹的香茗甘泉，才能彼此畅适，或互谈契阔，或面致拳拳，或剪烛话旧。

敬茶之礼，除了接待客人，还可在家庭表示相敬相爱，明礼义伦序。旧时，大户人家的儿女要向父母敬茶请早安；新媳妇过门第三天要向公婆敬茶请安；儿女出行前，要向父母敬茶，有的还敬妻子、兄弟、姐妹，祝愿家庭平安。敬茶之礼在当今时代，更显重大意义，对内表示亲朋好友的亲和礼让，对外则表明中国及中华民族和平、友好、亲善、谦虚的和敬美德。

第四节

"三茶六礼"内涵深

婚礼，是合二姓之好，为人伦的基础。传统的婚礼有纳采、问名、纳吉、纳征、请期、亲迎，称为"六礼"。其中相关仪节，十分讲究。如纳采，类今之提亲，中间人要送一份礼物"雁"。

茶也有与之类似的象征含义，因而在婚礼中应用、吸收了茶或茶文化作为礼仪的一部分，有"三茶六礼"之说。明代许次纾在《茶疏·考本》中说："茶不移本，植必生子。"郎瑛《七修类稿》言："种茶下子，不可移植，移植则不复生也，故女子受聘，谓之吃茶。又聘以茶为礼者，见其从一之义。"古人结婚以茶为礼，取其"不移志"之意。清代郑燮《竹枝词》："溢江江口是奴家，郎若闲时来吃茶。黄土筑墙茅盖屋，门前一树紫荆花。"这首竹枝词即是茶与婚姻相关联的例证。写的是一个姑娘邀请郎君来家"吃茶"，一语双关：它既道出了姑娘对男子的钟情，也传达了要男子托人来行聘礼的意思。更为著名的是《红楼梦》里的片段，凤姐笑着对黛玉说："你既吃了我们家的茶，怎么还不给我们家作媳妇？"这里说的"吃茶"，就是订婚行聘之事。如今我国许多地区仍把订婚、结婚称为"受茶""吃茶"，把订婚的定金称为"茶金"，把彩礼称为"茶礼"，等等。例举部分我国各族婚礼中应用茶叶的习俗。

订婚，是确定婚姻关系的重要仪式，只有经过这一阶段，婚约才算成立。此时的聘礼多用茶，故也称茶礼、下茶、聘礼茶等。清代阮葵生《茶余客话》记载，淮南一带，男方给女方下聘礼，"珍币之下，必衬以茶，更以瓶茶分赠亲友"，茶须细茶，用瓶装成双数，取成双成对之意，而女方将聘礼茶分赠予亲友享用。又如云南佤族订婚，要向女方赠送茶叶、芭蕉、酒等礼品，请女方家族的长辈享用，意在得到全体族人对这桩婚事的认可。

在迎亲或结婚仪式中，亦有用茶，如新郎、新娘的交杯茶、和合茶，或向父母尊长敬献的谢恩茶、认亲茶、拜茶。在湖南地区，流行新婚交杯茶：交杯茶具用小茶盅，煎熬的茶水要求不烫也不凉，在新婚夫妇拜堂入洞房前，由男方家的姑娘或姑嫂用四方茶盘盛两盅，献给新郎新娘，新郎新娘都用右手端茶，手腕互相挽绕，一饮而尽，不能洒漏汤水。云南大理的白族结婚，新娘过门后第二天，新郎新娘早晨起来以后，先向亲戚长辈敬茶、敬酒，接着是拜父母、祖宗，然后夫妻共吃团圆饭，至此再宣告婚礼结束。在中国江南农村及香港、澳门一带，在婚俗中流行饮新娘茶。新娘首次叩见公婆时，必用新娘茶恭请公婆，公婆接茶品尝，连呼"好甜"并回赠红包答礼。然后，按辈分、亲疏依次献茶。较之古代，现代婚礼趋于简化，但奉新娘茶的习俗，一直保留至今。

第五节

"年节祭祀"念亲恩

因茶性清雅高洁，人们将茶作为祝福、吉祥、圣洁的象征，祛秽除恶，祈求安康。因此，除了婚礼，作为日常生活用品的茶，也被逐渐应用到祭祀、丧礼文化中。我国的祭祀形式多样，祭天、祭地、祭祖、祭神、祭仙、祭佛，等等，在这些场合中往往有茶叶的身影。大多数情况下，祭祀时，在茶碗、茶盏中注以茶水，或者不煮泡而只放以干茶，甚至也有只以茶壶、茶盅象征茶叶的情况。

在民间祭祀活动中，比如祭灶神，正月要祭灶，明嘉靖《汀州府志》载："元日起，每夜设香灯茶果于灶前供奉。至初六日晚，谓灶神朝天回家，盛酒果以祭之。"如流行于福建、台湾地区的正月初九"拜天公"，即为玉皇大帝生日祝寿，所供祭品就有"清茶各三"。在浙江宁波、绍兴一带，每年农历三月十九日祭拜观音菩萨，八月中秋祭祀月光娘娘，祭祀时，除了各类供品，还放置9个杯子，其中茶3杯、酒6杯，称"三茶六酒"。作为茶的发源地中心之一的云南，许多兄弟民族亦有以茶为祭品的风俗。如当地的布朗族，在自然崇拜、祖先崇拜等原始宗教的信仰和祭祀活动中，祭品一般只用饭菜、竹笋和茶叶三种，将它们分成三份，放在芭蕉叶上。

茶叶在我国丧礼文化中，亦是不可缺少之物。早在长沙马王堆汉墓出土简牍中，有考证为"槚"字的竹简，可见在2 000多年前，茶已作为随葬品。茶作为殉葬品，在我国民间有两种说法：一种认为茶是人们生活的必需品，人虽死了，但衣食住行如生前一样。如居住在云南丽江的纳西族，无论男女老少，在死前，都要往死者嘴里放些银末、茶叶和米粒，他们认为只有这样，死者才能到"神地"。对这种风俗，一般

槚笥木牌
（长沙马王堆汉墓出土）

认为上述三者分别代表钱财、喝的和吃的，即生前有吃有喝又有财，死后也能到一个好的地方。另一种说法，则认为茶代表高洁，能吸收异味，净化空气，有利于死者遗体的保存。如旧时在湖南中部地区，在仍流行非火葬的时期，一旦有人亡故，家人就会用白布内裹茶叶，做成一个三角形的茶枕，随死者入殓棺木。曾子说："慎终追远，民德归厚矣。""慎终"即丧葬，这并不是我们与亲人联系的终点，而追思亲人，祭祀他们，并不遗忘，这便是"追远"。茶在这些礼俗中发挥其价值，百姓的品德归于淳厚。

宋代赵佶《文会图（局部）》

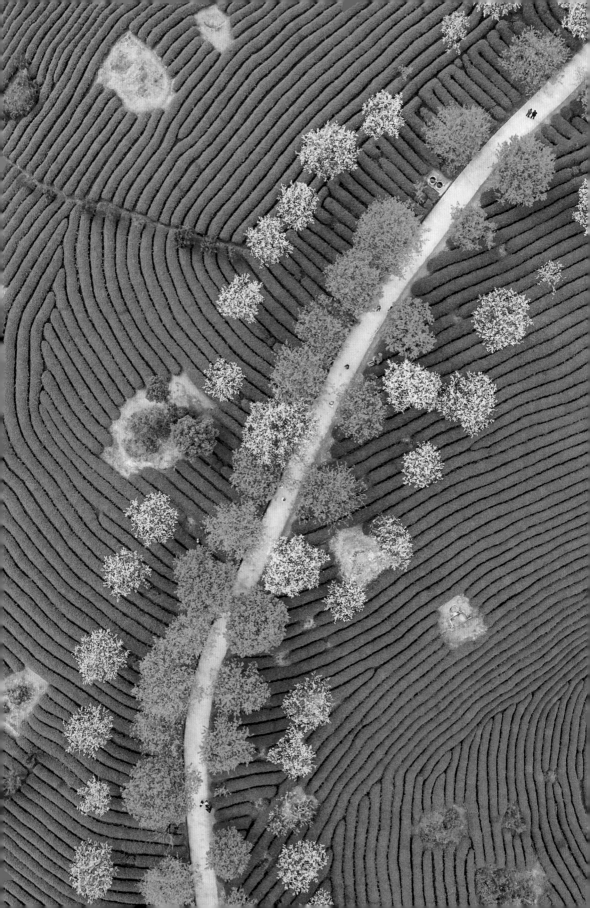

第八章 / 解码神秘『茶马古道』

21世纪初，当『普洱茶热』在全国兴起，一支由云南昆明出发的由120匹骡马、43位赶马人组成的『云南马帮重走贡茶之旅』，引起国内外舆论的极大关注。

部分云南学者认为，历史上的"茶马古道"，就是"马帮"由云南出发运输茶叶、丝绸、土特产之路，于是，就有"六大茶山茶马古道""普洱茶马古道"等种种说法。西南大学茶叶研究所的学者们对此十分关注。本着"尊重历史，还原事实，田野调查，现场取证"的原则，于2004—2005年，由笔者与国内外学者进行了两次"茶马古道"实地考察，由四川成都到拉萨，直至中尼边境樟木镇，历时45天，行程5 800公里。2006年5月，西南大学与中国国际茶文化研究会联合举办了茶马古道文化国际学术研讨会，海内外历史学、茶学界100余位专家学者参加，会议出版了论文集《古道新风》。

　　两次沐风栉雨的实地考察和国际学术会议的热烈讨论，对何谓"茶马古道"以及茶马古道的线路、走向、贸易、茶俗等历史文化话题有了较清晰的认识，本章将对此做一些系统回顾。

川藏茶马九尺道

第一节

为"茶马古道"正名

参加茶马古道学术研讨会的不仅有来自滇、川、藏、渝的茶界学术大咖，还有闻名国内外的历史学家和民俗学者。如四川省社会科学院的藏学家任新建研究员、台北故宫博物院院长冯明珠研究员、云南普洱文物管理所黄桂枢研究员、最早提出"茶马古道"概念的云南大学木霁弘教授等，他们都有关于茶马古道起源、文化的鸿篇巨制。

一、何谓"茶马古道"？

任新建在《茶马古道与茶马古道文化》一文中指出："茶马古道"一词，源于"茶马互市"。中国历史上由于藏族聚居区缺茶、内地缺马，曾实行以汉地茶叶交换藏族聚居区马匹的贸易政策，彼此相济，互为补充，史称"茶马互市"。伴随茶马互市，汉藏贸易逐渐发展，彼此交易的货物，除茶和马，还有内地的布匹、丝绸、糖、盐、五金、百货和藏族聚居区的虫草、麝香、贝母、皮张、羊毛、黄金等土特产，形成青藏高原与内地之间全面互通有无的贸易。伴随这一贸易的开展，无数的商旅、驮队、马帮、背夫为了运送货物，披荆斩棘，开辟出了一条条连通青藏高原与内地交通的道路。由于这些道路最初是因"茶马互市"而兴起的，得名"茶马古道"。

历史上的茶马古道并非某一条道路，而是一个庞大的交通网络。它是以川藏茶马古道、滇藏茶马古道和青藏茶马古道为主线，辅以众多的支线、附线构成的道路系统，地跨川、滇、青、藏四区，外延达南亚、西亚、中亚和东南亚。

也许是因为滇藏茶马古道上主要行走的是马帮，有不少文章把"茶马古道"说成是"历史上马帮驮茶所走的道路"，甚至说"实际上就是一条地道的马帮之路"，这显然是不准确的。因为茶马互市是一种汉藏互动的贸易活动，走在茶马古道上的既有马帮，更有牦牛驮队，还有背夫、挑夫等；所运货物既有茶和内地的百货，也有藏族聚居区的马和其他土特产。

茶马古道上的摩崖石刻"孔道大通"

二、茶马古道的主要线路

自唐蕃古道开始，不同历史阶段有不同走向，并有不同称呼。但因四川是我国边茶主要产区，起点多在四川西部的成都和雅安等地。尽管历史上曾有唐蕃古道、牦牛道、九尺道等不同称呼，归纳起来，茶马古道主要有三条，即川青藏古道、川康藏古道和滇川藏古道。

四川蒙顶山

1. 川青藏茶马古道

根据史学家贾大泉著《四川茶业史》资料，我国茶马互市虽起于唐代，但当时吐蕃、回鹘至内地卖马买茶的多为朝贡官员，并非一般商人；西藏地区饮茶者也多系贵族、头人而非一般平民，茶马贸易还处于初级阶段。内地与西藏地区茶马互市的兴旺，还是自宋代开始。西夏元昊在宋仁宗庆历年间（1041—1048年）发动对宋战争后，"赐遗互市久不通，饮无茶，衣帛贵"的窘迫局面，成为其向宋朝皇室求和的重要原因之一。

茶马古道在宋代的线路主要是由四川、陕西通往青海、甘肃、宁夏等地。据《宋史·食货志》记载，从熙宁七年（1074）到元丰八年（1085）宋朝在陕西设卖茶场332个，其中48个有案可查。同时，宋朝又在陕、甘、青置买马场。因此，最早的茶马古道应是川陕路和陕甘青路。

2. 川康藏茶马古道

川康藏茶马古道历史悠久，几经变迁。古有灵关路、和川路、雅家埂路、马湖江路；至明代，又分南、西两路，即黎碉道、松茂道。清代，四川在治藏中的作用大大提高，进一步推动了川藏茶马贸易。康熙四十一年（1702），清政府在打箭炉设立茶关。之后，又于大渡河上建泸定桥，原由碉门经岩州的"小路"，改为天全→门坎山→马鞍山→泸定桥→打箭炉一线，不再经岩州。打箭炉（康定）从此成为川茶输藏的集散地和茶马古道的第一重镇，而昌都则成为川青藏、川康藏、滇川藏三道交汇的茶马贸易枢纽重镇。

清代打箭炉至昌都分为南、北两条大道：

北路大道：史称"川藏商道"，即由打箭炉，经道孚、甘孜、德格、江达，至昌都。此道明代已开，因道路较平坦，沿途多有草原，适合牦牛驮队行走，且路程较快捷，故明清以来运茶商队绝大多数都行经此路，清廷赏给达赖喇嘛的茶，也是由打箭炉起运，经此道运至拉萨。

南路大道：由打箭炉，经理塘、巴塘、江卡（芒康）、察雅，至昌都；又称"川藏茶马大道"，又因此道主要供驻藏官兵和输藏粮饷来往使用，亦称"川藏官道"。此道虽也有茶商驮队行走，不过主要是供应康南一带地区，输入西藏的茶主要仍走北路商道。

历史上两道会合于昌都后，由昌都起又分为"草地路"和"硕达洛松大道"两路，至拉萨会合。硕达洛松大道，由昌都经洛隆宗、边坝、工布江达、墨竹工卡至拉萨，草地路即由昌都经三十九族地区至拉萨的古茶道。

据文献记载，清代每年输入西藏的茶80%以上来自四川，其中主要为雅州所产边茶。

笔者访问茶马古道上的女背夫

3.滇川藏茶马古道

云南，是我国西南重要茶区，亦是普洱茶发源地。但因历史与地理原因，云南通往藏族聚居区的茶马古道形成时间较晚。直到清顺治十八年（1661），清政府同意在滇西北设立北胜（云南永胜）茶马互市，一年运往藏族聚居区茶叶3 000担，自此滇川藏茶马古道逐渐形成。在云南，滇川藏茶马古道可分为西道（主道）、北道与南道（国际道）三条。

西道：滇川藏茶马古道的主线，经思茅→普洱→景谷→按板→恩乐→景东→鼠街→南涧→弥渡→凤仪入下关（今大理）；或从鼠街至蒙化（巍山）、大仓入下关。到大理后一路向西行，经漾鼻→太平铺→曲硐（永平）→翻博南山至杉阳，过澜沧江霁虹桥至水寨→板桥→保山→蒲骠→过怒江至坝湾，翻越高黎贡山→腾冲→和顺→九保→南甸（梁河）→干崖（盈江）→陇川。从陇川西行至缅甸的勐密，再西行至宝井，沿伊洛瓦底江南上至缅甸古都曼德勒；再西行至摆古（勃国）；或入缅甸的八莫，再溯伊洛瓦底江而上，从恩梅开江、迈梅开江进入印度的阿萨姆邦，再进入不丹、尼泊尔，入中国西藏地区的日喀则、拉萨等地。这是唐代南诏时的博南道、永昌道，到腾冲再走天竺道出境，经缅甸到印度。

另一路北上经大理、喜洲、邓川、牛街（洱源）、沙溪（寺登街）、甸

1907年滇西霁虹桥（刘波　图）

南、剑川、北汉场、铁桥城（丽江）；或下线从邓川、北衙、松桂、鹤庆、辛屯、九和到丽江、铁桥城、中甸（香格里拉），过金沙江到奔子栏，翻怒山丫口到德钦，轨道入川后至芒康走川藏路，再入西藏地区。

北道：又称"贡茶路"，即由思茅，途经那科里、普洱、磨黑、通关、墨江、阴远、元江、青龙厂、化念、峨山、玉溪、晋宁，到达昆明。云南贡茶，自清康熙元年（1662）始，"饬云南督抚派员，支库款，采买普洱茶5担运送到京，供内廷饮用"，从此形成按年进贡一次定例。到嘉庆元年（1796）改为10担，进贡品种有普洱小茶、普洱女儿茶、普洱蕊茶、普洱茶膏等。每年派官员支库银到思普区采办就绪后，由督辕派公差押运。道光十八年（1838），道光帝赐给"车顺号"主人、例贡进士车顺来"瑞贡天朝"的匾额，这是普洱茶接受皇朝的最高荣誉。

南道：南亚通道，即通老挝、交趾（越南）、暹罗（泰国）、甘蒲（缅甸）东南亚诸国，也可经缅甸到印度、尼泊尔、不丹的国际"茶马古道"。据宋代杨佐《云南买马记》记载："大云南驿前有《里堠题》，东至戎州、西至身毒国，东南至交趾，东北至成都，北至大雪山，南至海上，悉著其道之详。"文中记载的"交趾"即越南，"身毒"即"天竺"（今印度），说明我国西南滇、川、藏三省份与东南亚诸国早在唐宋时已有交往。明清以来，由于思普地区普洱茶兴盛，这条道则成为茶叶贸易之路。从滇南出思茅、车里至国外的"茶叶之路"或茶马古道已形成，印度、缅甸、暹罗（泰国）、老挝、柬埔寨、越南等国的商人均往来西双版纳、思茅、普洱贩运茶叶。这时滇南的元江、石屏、建水、开远、蒙自等城市兴起，成为茶马古道上的重要城市和交通枢纽。

以上三条路线，为国内学术界公认的茶马古道。但我国西南地区因山高路险，道路崎岖，现代化、高等级的公路和铁路是近二十年来才在滇、川、藏出现，并被各族人民称为"天路"；具有历史和战略价值的，因"茶马互市"而兴起，因边茶贸易而开通的古茶道运输线，仅仅以上三条而已。

第二节

川藏茶路崎岖艰险

青藏高原素有世界第三极之称。境内山势纵横、河流湍急、地质复杂、气候多变。当地流行这样一首民谣形容恶劣天气："正二三，雪封山；四五六，淋得哭；七八九，稍好走；十冬腊，学狗爬。"历史上的川藏大道不过是宽1～3米的烂石路，坡陡路滑、崎岖难行。从雅安到打箭炉（康定）的南北两条路全程仅280公里，今天汽车交通2小时就可到达，而过去全靠人背马驮，要走15～20天。

雅安、邛崃、名山生产的南路边茶，历史上主要由小路经天全（碉门）翻二郎山，经岚安、泸定、瓦斯沟到康定。由于山路陡峭，悬岩绝壁比比皆是，茶包只能由人力背运。对于人力背运的工人，当地称"背夫""背脚子"。他们绝大多数是来自雅安、天全、泸定等地的贫苦农牧民。据雅安老人回忆，从明清直到1954年（川藏公路通车），雅安城内每天有上千人靠背茶包维持生活。茶行发货以"引"为单位，一引为5包，共50千克。背夫则按自己体力每次背15～20包，十余岁的小孩或妇女则背5～10包，每天可以行走15公里，沿途有驿站和旅店（鸡毛店），须16～20日抵达康定。由于山高路陡，经常发生背夫暴毙或坠岩事件，至今康定大风湾万人坑还埋葬着不少半路暴毙的背夫尸骨。

而雅安、荥经生产的边茶由另外一条大路运送至康定，即从雅安→荥经→凰仪堡→大相岭→清溪→泥头（宜东）→化林坪→沈家渡→磨西→雅安埂→康定。所谓"大路"也是宽不过三米的烂石路，除了人背，骡马亦可通行，古称"九尺道"。

九尺道第三段是由康定到拉萨，也有南北两条路，全程2 500公里：南路经雅江、理塘、巴塘、芒康、察雅、昌都、恩达、硕督、嘉黎、太昭等地直至拉萨，其间有驿站56个；北路由康定经泰定、道孚、德格、同普，至昌都与南路合道，再达拉萨。由于康定到拉萨气候更加恶劣，路途漫长艰险，藏商在康定购好茶叶后改用牛皮包装，以避运输中风雪的侵袭，然后由骡帮和牦牛运输。骡帮牛马成群，牦牛沿途以草为食，驮队均备有武器自卫，并携带帐篷随行，宿则架帐炊餐，每日行程仅二三十里。若遇大雪封山，垮岩断路，行程便更迟缓。从康定到拉萨的驮队，运输时期长达10个月甚至1年以上，在这段路上牦牛和骡马帮多达数十个，多为藏商的官商、寺庙商和土司商、头人商所经营，带头人称"马锅头"。

历史上，在川茶和印度茶叶的竞争中，运输成本高是川茶弱点。边茶价格昂贵，使广大藏族人民无力消费。到解放前，在西藏地区，只有中产之家才能享用质量上等的如芽细、毛尖等边茶，一般贫苦牧民连最粗老的"金仓"之类砖茶也不易喝到，于是，藏族农牧民十分珍惜边茶，饮用前熬了又熬，有的连茶叶渣也一齐吃掉。

第三节

青衣江畔砖茶香

由于雅安茶历史上主销四川甘孜、康定和西藏，习惯称为南路边茶，其种类包括用细嫩原料经渥堆、发酵压制而成的芽细、毛尖以及较粗老原料经渥堆、发酵、蒸压而成的康砖、金尖等。这种紧压茶外形色泽褐润，陈香馥郁，汤色红亮，滋味醇和，经久耐泡。藏族聚居区称为"大茶"，内销则称"藏茶"。

但在历史上，四川边茶生产由于带有明显的专卖色彩，历代统治者都十分关注，制定了严格的"茶法"，茶商须按照"引岸制"的规定，定向采购与销售茶叶。史料记载显示，宋代及明中叶以前，大部分川茶运入陕西转销甘肃、青海和宁夏一带；明代中叶以后，由于湖南黑茶大量涌入，川茶开始主要销往拉萨、康定（南路边茶）及松潘、金川（西路边茶）一带，其数量相当于川茶总产量的90%。据资料统计，我国明代200余年川茶向西蕃换购马匹达70万匹，按每匹马平均换茶42.5斤计算，入藏川茶达2975万斤。

至于边茶的流通，清代以来，茶贩经营日渐活跃，他们深入山区农村采购原料送雅安付制，经藏商转运藏族聚居区销售，商业环节一直比内销茶多。据调查，南路边茶商贸环节有八道，即茶农→茶贩→生产商→茶店→锅庄→藏商→小藏商→消费者。由于商业环节多，加上长途运输，以致康定和拉萨的茶叶价格，相差20倍以上。"炉茶市价一钱三分，至藏须购至二两五六钱"。

新中国成立后，从1950年2月开始，由国家执行"保证边销"政策，扶持边茶生产，到1984年底全行业恢复自由贸易，历时35年，大致经历了政府扶持、加工订货、统购包销、公私合营和定点生产等阶段，到20世纪末，雅安南路边茶业的改制基本完成。雅安边茶生产和销售量最高时达到一年1.5万吨。

雅安茶厂的藏茶生产

至今，从山南牧场到藏北高原，从拉萨到日喀则各地，饮茶依旧是藏族人民一日三餐不可或缺的重要生活内容，平均每个藏族同胞年饮茶量达到3千克左右，寺庙内则高达4～5千克。今天，无论藏族聚居区大小市场或小杂货店，都可以买到来自四川雅安、宜宾等地生产的各种品牌的康砖和金尖茶，其销量仍占西藏地区全部茶叶销量的90%以上。

随着茶区经济的繁荣，边茶生产也由国家统购包销走向放开经营。调查统计，仅四川雅安、宜宾、乐山，就有边茶生产厂30多家，国家定点厂也有10多家，从数量上保证了边茶的市场需求，但部分企业的产品质量有问题，主要是小型茶厂任意简化渥堆工艺、发酵生产工艺以及为加快资金周转而缩短茶叶贮存时间，致使茶叶水浸出物含量下降（藏族称"熬头"不好），茶多酚氧化降解不完全。扎仕伦布寺多布琼活佛告诉笔者，该寺现有大小僧侣900人，其中60岁以上高僧大约200人，大多数有不同程度高血压、冠心病、糖尿病等，这是过去没有的现象。分析原因是近年来茶的用量少了，而酥油、盐巴等的使用量未减，反而有所增加。减少茶用量最主要原因是茶叶发酵不足。笔者认为，西藏高原是一个严重缺氧的地区，也是我国高血压病高发区之一，如果茶叶未经充分发酵，饮用后还原性茶多酚的氧化要增加人体内耗氧量，从而血液供氧不足，而酥油茶中用盐量偏多也是引起高血压原因之一。

第四节

川藏茶路"背二哥"

川藏茶路以雅安到康定一段在历史上道路最崎岖，牦牛、马匹均无法通过。羊肠小道上茶叶的运输全靠人力，背夫用双脚把茶叶运到康定。在川藏茶马古道上，雅安、汉源和荥经的昔年背夫，如今已成为年逾九旬的耄耋老人。

一、背夫劳务的缘起

背夫，当地人称为"背二哥"。他们中，有的长年累月从雅安茶庄把砖茶直背康定，称"长脚"；有的农闲时参与，从产茶之地背到中途宜东茶店，叫"短脚"。"背茶包"成为当地村民的谋生之道。在古代至少有70%的劳动力，以背茶包维持生计。他们是生活在最下层的劳苦大众。报酬少不说，沿途还要遭受疾病、兵匪、野兽的袭击。许多人倒下去就再也没有站起来，可以说这条茶马古道是用背二哥的身躯铺成的。背二哥，大到六七十岁长者，小至八九岁的小伙计，还有娘子军，浩浩荡荡成千上万。他们"住的是么店子；照明用的是亮壶子，灰暗无光；垫的烂席子，盖的草帘子，睡倒逮虱子；吃的火烧子（馍馍），外加豆菜子"，五文钱一碗的豆花或酸菜汤，无盐无味，要吃盐还需自己带；蒸馍煮汤还得自己干。有一首山歌这样唱道："撑弓背架子像条虫，十个背二哥九个穷；背子一百八，裤儿衣裳挽疙瘩。背子一百九，挣来养家口。"

川藏小道上的背二哥（刘波　图）

二、背夫运茶的艰苦生活

在千里茶马古道上，负重的背二哥总会上坡七十步，下坡八十步，平路一百一十步就要打拐歇气（休息）；掌拐师统领一伙背夫，走在前面"叫拐"歇气，他会根据这伙人所背茶包的轻重、体力的强弱、道路的情况，决定休息时间，处理突发事件，从而赢得众背夫的信任。背夫们为应对长途艰苦跋涉，所使用的简单工具如下：

丁字拐。作用在于歇气（休息）、防身、治伤。拐子下面有一个拐墩子，长年累月在歇气叫拐时，总要在坚固的石头杵上三下，才能防止滑倒。走在后面的人因为暗冰路滑，总会把拐子打在前一个歇气挂拐的地方，天长日久，在古道上凿出一串串深深的拐子坑。"一盘拐子龙抬头，打拐不打斜石头，三拐两拐安不稳，挣些痨病在心头"，道出了打拐歇气的辛酸。

汗刮子。用篾条制成，挂在胸前，既可代替毛巾手帕擦汗、刮汗，同时还可以擦痒。

撑弓背架子。与丁字拐是永不分离的"兄弟"，背架子用来装砖茶，弯弯的像条虫，压得人喘不过气。

从汉源县九襄镇出发，背百斤茶包进康定，来回要半个月，挣八元五角钱，当时仅能糊口。歌曰："有女不嫁背二哥，颈项背长脚起疱，吃过多少凉茶饭，睡过多少硬床铺。""背子好背路难行，能变畜生不变人，二世做个官家女，太阳不晒雨不淋。"此外，茶马古道沿途缺医少药，有不计其数的背夫得病无钱医治，而命归黄泉，出去就杳无音信。

第五节

茶马贸易的经纪人与商帮

一、茶马贸易的经纪人——锅庄

汉藏之间因语言不同，进行直接交流有一定困难，历史上在茶马贸易中有一种中介组织，承担了沟通商业信息和汉藏商贸易往来的重要职能，这就是"锅庄"。

锅庄是康定特有的行业。据说"锅庄"一词，源于藏语"古曹"，意为"贵族代表"。历史上康定锅庄多达54家，他们大多来自明正土司的大小管家，专门为土司掌管经济、商贸、放牧、养猪、种菜、差徭、歌舞。

"锅庄"又类似内地具有浓厚民族特色的货栈。到康定从事贸易的藏商，分别与各家锅庄有着稳定的主客关系，并不自由选择。如邓科、德格、白玉的藏商必须住白家锅庄，瞻对藏商长住王家锅庄，果洛藏商必须住木家锅庄等。除非该锅庄破产歇业，即使暂时歇业，一旦重新开业时，原来的主客关系又予恢复。其次，藏商在康定经商时期，其食宿均由锅庄主人负责供给，主客犹如一家，关系十分亲密。藏商销售土特产和购买茶叶等活动，均委托锅庄主人与汉商交易，成交后，锅庄主人按总金额收2%～4%的"退头"（即佣金），由于藏商的营业额往往数千元，锅庄的收入亦十分可观。1940年康定锅庄业鼎盛时还曾成立同业公会。而康定茶商要争取买主，也千方百计巴结锅庄主人，没有锅庄主人的牵线，茶商将一筹莫展。这就构成茶商与锅庄的密切联系，有的甚至互相通婚，建立姻亲联系，如康定木家锅庄就与荥经姜姓茶商结为姻亲。

西藏拉萨街头买茶人

二、藏民家族商号——昌

在川藏茶道上，除了"锅庄"的重要中介组织作用，藏商中的家族商、寺院商和土司商等作用亦十分突出。

茶马古道考察中，经常听到人们提到"邦达昌""桑多昌"的名字，后来得知，所谓"昌"，藏语意为"家"，即商号之意，"邦达昌"就是邦达商行。其主人是芒康一家知名的大商家，是一个从贩运茶叶的马锅头起家的商人，叫邦达·疑江。达赖十三世曾亲授其"捆商"特权，专利羊毛、黄金，其他人不得经营。他除经营黄金、羊毛，还经营茶叶、藏红花、药材、珠宝、绸缎、布匹以及英属印度商品，其势力范围包括上海、北京、天津、重庆、昆明，以至印度加尔各答等等，据称在西藏是数一数二的大资本家，有财产千万以上。

朝贡者的信仰

除了这些具有雄厚实力的大藏商，大多数藏族商人以经营茶叶为主。西藏商人拥有的第一桶金大多是以朝贡之名，到内地购买茶叶从事经营活动而赚到的。商人在藏族社会，有特殊的社会地位，藏语称为"充本"，具有官商性质。他们资金雄厚、实力甚强。清末驻藏官兵的饷银，常常依赖官商从康定汇兑至拉萨，他们在粮饷不济时也向藏商借贷。

三、茶马古道上的商帮、行号

明清时期，由于茶叶流通实行"引票制"，各地茶商经营茶叶必须办理"引票"营业，便催生了商会和行帮组织的出现。在四川边茶产销地，来自不同地区的商人们组成不同的利益集团，如陕西的称陕帮，河南的称河南帮，四川的称川帮或渝帮。尤其大批陕商依靠元朝政治势力进入四川并深入康区，跻身边茶行业，逐步形成实力雄厚的"陕帮"。明嘉靖以后，又有一批陕商在雅安设"义兴隆"等号，可见当时雅安市场的陕帮对茶叶的经营已有相当的规模。随着边茶集散逐渐西移，原本为不毛之地的康定，商业日益兴盛，成为仅次于雅安的汉藏贸易的重要集散地。打箭炉在元明时期仅是一个小村。康熙三十九年（1700），四川提督唐希顺派兵平定打箭炉营官杀死明正土司之乱，安抚了附近50余部族；雍正初又设打箭炉厅，隶属雅州，从此商业日益兴盛。清初时打箭炉仅有4家锅庄，到清中叶已发展到48家。南路边茶销往藏族聚居区的数量日益增加，销藏边引达108 000引，比明嘉靖时的19 800引增加了4倍多，成为边茶发展史上的极盛时期。

在雅安、康定等主要边茶产区，茶商还兼营原料采购、包装运输，这更需要雄厚的商业资本和经营管理网络，所以明中叶四川茶区便出现了资本的萌芽。如松潘"丰盛合茶号"即拥有资金40万两银。

解放前各路茶商云集康定，陕邦、川邦、滇邦共有茶号73家，据1930年统计，康定有茶号37家、雅安14家、荥经8家、天全12家、名山

2家。抗日战争时期，当地军阀插手边茶业，民族资本日益衰落，康定的边茶市场亦日渐萧条。

四、寺院商、土司商和藏民商

藏商还有寺院商、土司（头人）商以及藏民商三种。其中，寺院商资本雄厚、势力强，大昭寺、扎什伦布寺、大金寺、理塘寺都以经商显赫于世，并通过贸易控制当地经济命脉。拉萨大昭寺、日喀则扎什伦布寺内建筑包括大型仓库，其中贮存茶叶的仓库多在1 000米²以上。数以千担的茶叶，除供祭祀和寺庙喇嘛之需，还用以供应广大农牧民之需，所以拉萨、日喀则的寺庙商大多手上掌握着数量不菲的陈年老茶。

1937年以前，藏商主要运出黄金、白银、羊毛、药材、珠宝等，到康定购买茶叶，所运的土特品也销售给其他商号换回黄金、白银后，再与茶号交易。全面抗日战争爆发以后，藏族聚居区的土特产难于外销，藏商由印度运入大量香烟、百货等商品，在康定赊销给各商号，作为茶叶的预购定金。因此当时不少藏商及边茶商又沦为英属印度物资的走私者。改革开放以来，西藏市场经济蓬勃发展，藏族农牧民中许多人也纷纷投入商海，从事各种贸易或实业经营，在拉萨西藏朗赛茶厂扎平先生就是一位十分精明能干的藏商，他在四川雅安办茶厂，在拉萨开茶店销售，年经营额均在3 000万元以上，其砖茶几乎遍布西藏各地。

大昭寺的送茶僧

第六节

茶马古道茶俗

藏族饮茶的熬煮方式，通常要求"茶熬极红"。传统的熬茶法是很有讲究的，在家中做茶时先要熬成浓茶汁。第一道茶开了就倒入一个固定的容器中，第二道要熬一定时间，之后一道和二道掺在一起用水瓢来回倒，加上盐巴、酥油，再用酥油茶桶或打茶机反复搅拌（均质）。寺院的僧人大都喜欢用茶桶打茶，而老百姓则把第三道茶渣在阳光下晒干后作为第一道的茶垫再次熬煮。

在藏族地区，不论男女老少，人人皆饮，一日三餐，餐餐都离不开茶，每人每天喝茶多达2碗以上，很多人家把茶壶放在炉上，终日熬煮，以便随取随喝。不管是集镇、农村、牧区或是寺庙，人们早炊的首要任务便是熬茶。藏族聚居区泛称早餐为"喝早茶"，早茶的食品多为糌粑；牧区除糌粑外，还有干奶渣，都是与茶相配的食品。糌粑或用手捏成团吃，边吃边喝茶；或在碗内

草地小憩时共饮酥油茶

先放糌粑，然后倒上茶，直至舔尽喝足，这种吃法叫舔"卡的"；若吃干奶渣，则先在碗里放上一些干奶渣后，再倒入茶泡奶渣，食尽奶渣。

在藏族群众家中，也有每天清早给灶神敬茶的做法。对藏族家庭来说，一天任何时候都离不开茶，所以藏族人对茶具也很讲究，家庭再差也不会用缺口的茶碗喝茶，一般喜欢用木碗喝，木碗分成好几等，其中以阿里产最优；也有些富裕户，用银制或镀金的茶盘、茶架配精美的瓷碗。

一、到处酥油茶飘香

用酥油茶待客，是藏族的古老传统。无论是走进牧民的帐篷、农民的泥土小屋，还是参观古喇嘛寺、造访贵族之家，主人总是打好芳香的酥油茶，请客人品尝。倒茶时，先将茶壶轻轻摇晃几次，使茶油匀称，壶底不能高过桌面，以示对客人的尊重；主客之间的交谈，往往从茶开始。给客人敬茶时，主人为了表示尊重，会用双手把茶碗递给客人。

在寺庙里，酥油茶还是重要的供品。神龛上摆满酥油和茶叶，仓库中也堆满善男信女们点点滴滴的心意。虔诚的教徒要敬茶，有钱的富人要施茶。他们认为，这是"积德""行善"。所

世界上最大的煮茶锅
（现保存于甘孜藏族自治州理塘长青春科尔寺）

以，在一些大的喇嘛寺里，往往备有特别大的茶锅，锅口直径达1.5米以上，可容茶水数吨，在朝拜时煮水熬茶，供香客取喝，算是佛门的一种施舍。拉萨大昭寺、日喀则扎什伦布寺以及昌都的强巴林寺等，都有这样的大茶锅，其中强巴林寺锅口直径达3米，每次可煮供1 500人的茶；日喀则扎什伦布寺的两口茶锅制于1447年，至今完好如初。

二、茶马古道兴起"红茶馆"

在茶馆文化方面，21世纪以来，西藏地区也兴起了一股"甜茶馆热"，人们聚会、聊天、休息喜欢到设施简陋但人气旺盛的甜茶馆去，喝上一杯用云南红茶和奶粉制作的热甜奶茶，达到休闲和松弛身心的目的。

在拉萨，也有能喝到绿茶、乌龙茶的茶馆，但绝大多数茶馆是甜茶馆。很多人在去寺庙参拜神佛的途中或在工作间隙，会到甜茶馆喝一杯茶或用餐。因此，从早晨开门营业到下午5点左右打烊，甜茶馆都很热

拉萨街头的甜茶馆

闹。在甜茶馆，"能见到熟人"，"能打听到有一阵子没见面的熟人的消息"，"能了解到失去联系的熟人的下落"，"来这里已成惯例"，"来这里能与形形色色的人交谈"，等等，人们将甜茶馆作为收集信息、交流思想的场所。

此外，现代化的酒廊、茶楼、咖啡吧以及各类奶茶饮料，近年也快速进入西藏青年僧侣和普通民众的生活。在周末的拉萨八廓街、布达拉宫广场以及各地市的休闲娱乐中心，你都可以看见人们一边欣赏着藏式歌舞，一边品尝着时尚的珍珠奶茶。西藏这一神秘的土地，如今也融入了多元茶饮文化，人们以包容、开放的心态接纳着来自世界各地的新鲜事物。

西藏布达拉宫远景

第九章 / 神州一叶香寰宇

现已有60多个国家和地区实现人工种茶，160多个国家和地区人民普遍饮茶，茶叶成了惠及40多亿人的大众化健康饮料。正如英国著名科学史专家李约瑟（Joseth Lee）所说：『茶是中国贡献给人类的第五大发明。』

第一节

茶入东邻传礼道

中国茶何时开始流行于国门之外？最早可以追溯至西汉年间。传说西汉使臣张骞出使西域，在中亚诸国发现邛杖、蜀锦和茶，并认为是从四川，经云南、缅甸、印度的"南丝绸之路"的贸易通道传过去的。此外，5世纪时，中国茶传入东邻的朝鲜半岛，今韩国釜山金海市开始种植茶树，距今已有1 700多年的历史。可见，人员交流、贸易往来促进中国茶输往世界各地，已有2 000多年的历史。由于地缘优势，中华文化的对外传播首先惠及周边国家和地区，尤其是往来交通较便利的东邻各国。关于中国茶正式输出的最早文字记载，是在6世纪以后，茶叶首先传到朝鲜和日本，随后通过南北丝绸之路、万里茶道和海上丝绸之路，传到南亚、中东和欧洲，并于19世纪被英国人带到非洲。

一、韩国茶礼根植儒学

早在新罗真兴王五年（554年，魏孝文帝武定二年），即高丽三韩时代，在韩国智异山华岩寺，就有种茶记录。又据韩国古籍《三国史记》卷十《新罗本纪》记载，新罗二十七代善德女王时（623），遣唐使金大廉由中国带回茶籽，种于地理山（今智异山）下的华岩寺周围，后逐渐扩大到以双溪寺为中心的各个寺院。但据民间传说，韩国茶起源于5世纪末驾洛国首露王妃许黄玉从中国带回茶种。许王妃为四川安岳人，与驾洛国王首露在东海之滨相遇，两人一见钟情，结为夫妻。许黄玉出嫁时带去包括茶种在内的许多中国特产，后来这些茶种撒播于全罗南道智异山华岩寺附近。《三国史记》中还有山僧向国王献茶的记录以及4—5世纪圣王饮茶的故事。智异山和全罗南道河东郡花开村，至今仍

韩国茶祖许黄玉像

保存着许多中国茶树原种，生长繁茂。"花开绿茶"在韩国因品质优异，十分著名。

　　韩国是一个尊孔崇儒的国家，十分重视家庭伦理道德，并以茶礼规范家庭秩序、传承传统文化礼节。民间无论婚丧嫁娶、迎来送往、年节祭祀，均十分重视茶礼的应用。韩国茶文化将禅宗思想和人性教育融为一体，通过茶礼与茶具的阐释，成为形而上学和形而下学完美结合的综合艺术。

二、日本茶道缘起佛家

　　传说在先秦时期（前3世纪），中国移民带着农作物种子、生产工具和生产技术到达日本。如方士徐福以寻"长生不老"仙药为名，带着3 000名童男童女和500名技工到达日本，并"止王不归"。5世纪，又有自

称"秦始皇后裔"的秦氏一族，来到日本从事农耕、养蚕和纺织。但茶叶传到日本，实则与佛教传入日本的时间相同，这与日本向中国派遣遣唐使和留学僧制度有关。将茶叶引入日本首先是最澄、空海和永忠三位高僧。三位高僧在中国研习佛法同时，了解了寺庙的茶礼，学习种茶、烹茶及品饮礼仪，并把"佛堂清规"一道带回日本。

最澄（762—822），日本近江滋贺人。12岁出家，20岁在奈良东大寺戒坛院受戒。后在京都比睿山结庵修行。他在研读鉴真和尚从中国带去的《天台宗章疏》的过程中，萌发了对天台宗的极大兴趣。为彻底究明宗义，最澄奏请天皇赴唐求法，后被准予到浙江天台寺短期留学。

805年春最澄返回日本前，台州刺史陆淳为他饯行，以茶代酒，组织了一场名副其实的茶会。台州司马吴颢为此茶会撰写《送最澄上人还日本国序》一文："三月初吉，遐方景浓，酌新茗以饯行，劝春风以送远。"

最澄禅师像

此时正是天台山采新茶的时节。以茶饯行，既尊重佛教的戒规，又展示了天台山茶文化的风貌。

最澄自中国带回经书及图像、法器等，创建了日本天台宗，同时还把从天台山带回的茶籽播种在位于京都比睿山麓的日吉神社，结束了日本列岛无茶的历史。至今，在日吉神社的池上茶园，仍矗立着"日吉茶园之碑"，碑文中记有"此为日本最早茶园"。

与最澄同船来中国留学的还有一位空海弘法（774—835）。空海与最澄一起被誉为日本平安时代新佛教的双璧。最澄对空海的学识十分尊重。806年，空海回日本时带回茶籽并献给了嵯峨天皇。时至今日，在空海回国后住持的奈良宇陀郡的佛隆寺里，仍保存着由空海带回的中国唐代碾茶用的石碾及空海开辟的茶园。

日本茶道点茶（1920年日本邮政明信片，刘波　图）

　　永忠则是在陆羽《茶经》撰成之后，传达中国唐朝最新文化信息的使者。除了将新兴的密教文化带回日本，还带回了中国的茶籽、茶饼、茶具。此外，永忠饮茶模仿陆羽煎茶法，且他的茶诗与中国茶诗相似，可见《茶经》与中国当时流行的饮茶诗也由最澄、空海、永忠等人一并带回了日本，并形成一股"弘仁茶风"。由此奠定了宋代以后日僧荣西、村田珠光、南浦绍明及千利休等，以禅宗杨岐派僧人刘元甫创立的《茶堂清规》为理据所建立的日本茶道雏形。

第二节

葡荷输茶入欧记

阿拉伯人早在16世纪以前就把茶叶经由威尼斯传到欧洲。不过将茶作为商品引进欧洲的，仍应归功于葡萄牙人和荷兰人。凭借发达的航海事业，1514年葡萄牙人首先打通到中国的航路，并在澳门开始和中国进行海上贸易。

东印度公司飞剪船（1867年英国钢版画，刘波　图）

一、葡人把茶带入欧洲

1557年，葡萄牙在中国取得澳门作为贸易据点，其间，商人和水手携带少量的中国茶回国。1559年威尼斯作家拉穆斯奥在《航海旅行记》中曾记载中国茶，为欧洲文学作品中首次出现"茶"的用语。

犹如佛教僧侣大力引茶到韩国、日本一样，耶稣会教士也在茶的传播方面发挥了作用。他们来中国传教，见识了茶这种饮料的疗效，如获至宝地带回葡萄牙。1560年，葡萄牙传教士克鲁兹撰文专门介绍中国茶，形容"此物味略苦，呈红色，可治病"；而威尼斯教士贝特洛则说："中国人以某种药草煎汁，用来代酒，能保健防疾，并且免除饮酒之害。"早期，茶从东方进入欧洲时，是以具保健功效的神秘饮料出现，价格昂贵，只有豪门富商才享用得起。英国皇室成员对茶的狂热吹捧，使其在英国居重要地位，更为饮茶塑造了高贵的形象。

在欧洲茶风的提倡中，首先必须提及1662年嫁给英王查理二世的葡萄牙公主凯瑟琳·布拉甘萨（Catherine of Braganza，1638—1705），人称"饮茶皇后"。她虽不是英国第一个饮茶的人，却是带动英国宫廷和贵族饮茶风气的开创者。她陪嫁的茶叶和陶瓷茶具，以及她冲泡的茶和饮茶方式，在贵妇社交圈内形成话题并深获喜爱。在这样一位雍容高贵的王妃以身示范下，饮茶成为风尚，并在英国上层阶级流行。

饮茶皇后凯瑟琳·布拉甘萨

英国人饮茶吹捧的是中国茶，并非仅仅红茶。至今英国人仍喜饮福建小种红茶、茉莉花茶、乌龙茶、祁门红茶及普洱茶等。

18世纪初在位的安妮女王，也以爱茶著名。她不但在温莎堡的会客厅布置了茶室，邀请贵族共赴茶会聚会，还特别请人制作银茶具组、瓷器柜、小型易移式桌椅（茶车）等；这些器具高雅素美，呈现"安妮女王式"的艺术风格。英式"下午茶"的流行也与安妮公主提倡有关。

1602年，荷兰东印度公司成立；1610年，东印度公司将从中国、日本买的茶叶集中于爪哇，然后载回国，正式开始为欧洲引进大批绿茶及陶瓷茶具。1650年，荷兰又输入中国红茶到欧洲。

茶叶初传入荷兰时，放在药铺里和香料一起发售，商人们宣传它为灵丹妙药。饮茶在荷兰人的推动下日渐风行，茶叶也成为一项重要的商品，并因此掀起荷、英之间的贸易战。

1665—1667年爆发了第二次英荷之战，英国再度获胜，取得贸易上的优势，渐渐垄断茶叶贸易权。1669年，英国政府规定茶叶由英国东印度公司专营，从此，英国东印度公司由厦门收购的武夷红茶，取代绿茶成为欧洲饮茶的主要茶类。

二、老牌帝国钟情茶饮

英国早期以"rha"称呼茶，但自从厦门进口茶叶以来，即依闽南语音称茶为"Tea"，又因武夷茶茶色黑褐称"Black Tea"。此后，英国人关于茶的名词多用闽南语发音，如称最好的红茶为"Bohea Tea"（武夷茶），称工夫红茶为"Congou Tea"。

18世纪以前，英国人在中国是以西欧人的形象出现的，但是，他们是茶的积极推广者。从4世纪开始，人们就在雷诺（Reinaud）翻译的《编年史系列》中读到："（中国的）皇帝在种类繁多的丰富矿产中，只在盐和一种需要在热水里泡了以后饮用的植物上给自己保留了特权。人们在所有的城市出售这种植物，获得巨额的利润，它被称为茶，叶子比三叶草多，闻起来很芳香，但是有一种苦味。水煮开了以后，人们把它倒在这种植物上，这种饮料在任何情况下都是有益的。"

三、浪漫法国视为"圣物"

茶是从荷兰运到法国的。在1648年3月10日吉·帕坦（Gui Patin）写给里昂的斯邦（Spon）博士的一封信中提道：

> 下周四，我们这里有一篇论文要答辩，很多人都抱怨做得不好。它的结论是："因此，中国茶可以让人感觉舒适。"但是在论文的其他部分一点都没有涉及。我已经和这个人说过，chinensium不是拉丁文，托勒密、克吕韦修斯（Cluverius）、约瑟夫·斯卡利热（Josephe Scaliger）和所有写过中国（Chine，这个词在法文中是个贬义词）的作家们，在作品中都用sinenses, sinensium或者sina, sinarum。这个幽默又无知的家伙却告诉我说，他的手头有一些作家都用chinenses，那些人可比我举例的作家有名得多。我怀疑他的那些作家没有一个是像样的。我想这个人写这篇论文并不是真的研究茶这种植物，而只是为了向我们的总理大人献媚而已。

但在整个17世纪后期，西欧和北欧出现了大量介绍中国茶功效的宣传册。丹麦国王的御医菲利普·西尔威斯特·迪福（Philippes Sylvestre Dufour）、佩奇兰（J.N.Pechlin）以及巴黎医生比埃尔·佩蒂（Plerre Petit），是主要的吹鼓手，他们的很多文章、论文和诗颂扬茶的功效。甚至有崇拜者把它称为"来自亚洲的天赐圣物"，是能够治疗偏头痛、痛风和肾结石的灵丹妙药。

19世纪法文茶叶广告

第三节

中国茶与美国独立战争

1620年，一批来自英国的清教徒在马萨诸塞州定居，两年后他们向印第安人购买曼哈顿岛，取名为新阿姆斯特丹。当时他们即向荷兰东印度公司进口茶叶。到了1664年，新阿姆斯特丹城为英军所占领，并改名为纽约，自此英国垄断了美国的茶叶贸易，使美国人也承袭了英国人喝茶的习惯。17世纪末，波士顿卖起中国茶。英国统治者趁机提高茶叶税，使美国不堪重负。

为了抗议英国提高"红茶税"，1773年12月16日，一群激进的波士顿群众乔装成印第安人，爬上英国东印度公司商船并将342箱中国茶抛入海中。毁掉的茶叶数量巨大，包括武夷红茶、松萝绿茶、熙春绿茶、工夫红茶、小种红茶等。

关于这一举世震惊的波士顿倾茶事件，约翰·亚当斯在日记中写道："爱国者们在上一次的奋力反击中展现出的尊严、威严和崇高，令我非常敬佩。"

1773年12月23日《马萨诸塞时报》记道：

美国波士顿倾茶事件（1906年美国邮政明信片，刘波　图）

　　这些人在抛掉达特茅斯号船上的茶叶后，又登上布鲁斯和考菲船长的船，不到三个小时，便将船上所有的茶叶共计342箱完全毁坏，并扔到海里，动作相当迅速。涨潮时，水面上漂满了破碎的箱子和茶叶，自城市的南部一直绵延到多彻斯特湾。

　　英国议会立即采取了高压政策，通过了封锁波士顿港的议案，并变更马萨诸塞州的法律，以后市议会议员不再由人民选举，而改为市长任命。因茶而起的波士顿倾茶事件，成为美国独立战争的导火索。

第四节

大盗福钧偷茶入印

18世纪中期以后，英国对茶叶的需求迫切，但与中国通商又有种种限制，因此英国东印度公司致力在殖民地印度试种中国茶树。1833年英国开放国内市场以后，茶叶需求急剧上升，遂在印度大量种植鸦片售给中国，借以平衡支出。对于1840年鸦片战争的爆发，茶可以说是一大关键因素。

后来，东印度公司派间谍潜入中国，偷运茶种、茶苗至印度大吉岭植茶并获成功。这位间谍就是英国皇家植物园温室部负责人，被世人奉为"在中国人鼻子底下窃取茶叶机密收获巨大"的冒险家罗伯特·福钧（Robert Fortune，1812—1880）。

福钧受东印度公司的派遣，于1848年6月20日前往香港。英国作家佩雷尔施泰因从保存在英国图书馆里的东印度公司档案中发现了一份"命令"，这道命令是英国驻印度总督达尔豪西侯爵1848年7月3日发给福钧的。命令说："你必须从中国盛产茶叶的地区挑选出最好的茶树和茶树种子，然后由你将茶树和茶树种子从中国送到加尔各答，再运到喜马拉雅山。你还必须尽一切努力招聘一些有经验的种茶人和茶叶加工者，否则我们将无法进行在喜马拉雅山的茶叶生产。"福钧毫不犹豫地充当起了间谍角色。

1848年9月，福钧抵达上海，当时于中国人对欧洲人很敌视。在这种情况下，福钧必须混入当地民众中而不被认出来。因为福钧身高1.8米，具有英国人的肤色。他弄了一套中国人穿的衣服，按照中国人的方式理了发，加上了一条长辫子，打扮得让乡下的农民认不出他是欧洲人，然后前往盛产绿茶的黄山。在此次中国之行，他到过浙江、安徽和福建武夷山。

1848年12月15日，福钧在写给英国驻印度总督达尔豪西侯爵的信中说："我高兴地向您报告，我已弄到了大量茶种和茶树苗，我希望能将其完好地送到您手中。"据统计，福钧偷走茶种180担、茶苗10 000余株，掳走茶师十余人。

罗伯特·福钧眼中的武夷山红茶产区
（图引自《两访中国茶乡》）

2000多年来，茶从让人怀疑与恐惧的"小树叶"，变成流行世界且产量仅次于瓶装水的大饮料，走过了坎坷曲折的道路，发生了许多惊心动魄的故事。茶已经成为最受欢迎、最让人放心的大众健康饮料。2020年，世界茶叶消费量已达600万吨，并以3%的年增长率增加。中国茶对人类的贡献是无可厚非的。但过去的均已成为历史，最重要的事是：作为茶的祖国和世界第一产茶大国，我国茶界应团结一致，为复兴中国茶行动起来，为整日"堕在巅崖受辛苦"的广大茶农茶商在世界茶业界争取更大话语权，让中国茶更好地服务于中国民众和全世界的"饮君子"。

第十章 / 温故知新 创造未来

茶之为用，味至寒，为饮最宜。精行俭德之人，若热渴、凝闷、脑疼、目涩、四肢烦、百节不舒，聊四五啜，与醍醐甘露抗衡也。

——陆羽《茶经》

第一节

古代茶学　陆羽称圣

《茶经》是中国历史上也是世界范围内的第一部茶书，作者陆羽因此被后人尊称为茶圣。

一、事茶一生

陆羽（733—804），字鸿渐，一名疾，字季疵，复州竟陵（今湖北天门）人。幼为弃婴，被龙盖寺住持智积禅师收养。长大后不肯学佛，声称："终鲜兄弟，无复后嗣，染衣削发，号为释氏，使儒者闻之，得称为孝乎？羽将授孔圣之文，可乎？"虽然师父以扫地、牧牛责罚他，而陆羽仍勤奋自觉地"学书以竹画牛背为字"。离开龙盖寺后，陆羽虽相貌丑陋且有口吃，但因善辩且十分幽默，成了一名优伶。后遇到了如李齐物、崔国辅这样的伯乐，从此踏上了习茶之路。

陆羽成年后，专心事茶，先后游历考察过湖北、湖南、四川、陕西、河南、江西、安徽、江苏、浙江等地，历经安史之乱、刘展反叛等战乱之苦。其间，陆羽跋山涉水，凿井汲水，品茗煮茶，还开荒种茶，造茶鉴茗。在皇甫冉《送陆鸿渐栖霞寺采茶》、皇甫曾《送陆鸿渐山人采茶回》

诗中，陆羽是一个"千峰待逋客"的隐逸形象。同时，陆羽搜集了大量茶事资料，为《茶经》的撰写打下了基础。

陆羽喜好交游，待人诚恳，与诗僧皎然、书法家颜真卿、隐士张志和等人往来。陆羽于唐上元元年（760）应皎然之邀，移居湖州，先寄居于杼山妙喜寺。二人一同品茗赏月，结下了深厚友谊，其自传赞为"缁素忘年之交"。皎然亦对陆羽特别关爱，在事业上、生活上、精神上给予陆羽全身心的支持，作

茶圣陆羽塑像

诗《饮茶歌诮崔石使君》，云"孰知茶道全尔真，唯有丹丘得如此"，宣扬陆羽的茶道理念和"陆氏茶"的饮茶规范。

唐建中二年（781），陆羽被朝廷诏拜太子文学，旋徙太常寺太祝，但他却并未赴任。"不羡白玉盏，不羡黄金罍。不羡朝入省，不羡暮入台。千羡万羡西江水，曾向竟陵城下来。"这首《六羡歌》体现了陆羽淡泊名利的情怀。但这并不代表陆羽不关心社会，他以"陆氏茶"与"伊公羹"对照，积极倡导饮茶生活，宣扬茶道精神，认为茶可以移风易俗，促进社会和谐。

二、中华茶道的奠基人

"茶道"一词，始见于诗僧皎然《饮茶歌诮崔石使君》一诗。在陆羽的《茶经》和其他著作中皆未提及"茶道"二字。但我们从历史事实中发现，"茶道"的奠基者非陆羽莫属。

陆羽撰写《茶经》三卷，提出了"陆氏茶"的品茶规范。卷中"茶之器"，从风炉到都篮详列了烹饮之"二十四器"，并制订了一整套饮茶规则及品质鉴定的标准。实际上，陆羽在这里已经结合茶的利用，为中华茶道及其核心价值做了正确的定位。

唐大历九年（774），陆羽参加了颜真卿组撰《韵海镜源》的编写工作，从中辑录古籍中大量唐代以前的茶事历史资料，使其能够在《茶经·七之事》中收录了比较完备的历史资料。作为陆羽的忘年交，皎然对《茶经》及陆文学本人有着深入的了解。他在《饮茶歌诮崔石使君》一诗中尽情赞颂剡溪绿茶"素瓷雪色缥沫香，何似诸仙琼蕊浆"的同时，高屋建瓴地指出饮茶在精神上的飞跃与升华，"一饮涤昏寐，情思爽朗满天地。再饮清我神，忽如飞雨洒轻尘。三饮便得道，何须苦心破烦恼"。

宋代改"煮茶"为"点茶"，宋徽宗将茶道发展到了极致。烦琐的制茶、点茶程序，名目众多的"斗茶"和"分茶"游艺茶事有浪漫主义之风，"斗茶味兮轻醍醐，斗茶香兮薄兰芷""二者相遭兔瓯面，怪怪奇奇真善幻"等诗句都是对当时场面的生动反映。

明清时期，我国茶道仪式简化，追求闲适雅趣成为重点，品茗赏器成为茶道的重要内容，人们更加追求品茶过程中心灵的超升。文人墨客在品茗中寻求返璞归真、天人合一的神仙境界。许次纾《茶疏》中谈到烹茶："乳嫩清滑，馥郁鼻端。病可令起，疲可令爽。吟坛发其逸思，谈席涤其玄襟。"这充分显示明代雅士更加重视饮茶对提神益思中色香味的追求。清代后期至民国，由于战争不断，民生亦衰，"茶道"渐渐淡出国人的视野。而以茶祭祀、以茶交友、以茶待客、以茶养生，仍在民间流行，有唐以来国人在茶饮过程中所追求的精神仍保留如初。

第二节

陆羽《茶经》 传为经典

一、《茶经》其书

《茶经》三卷十章，共7 000余字。卷上分《一之源》《二之具》《三之造》，卷中为《四之器》，卷下分《五之煮》《六之饮》《七之事》《八之出》《九之略》《十之图》。《茶经》涉及茶叶的各个方面，其体例科学、完备，是中唐茶学的一次高度总结，也是陆羽茶学思想的精髓所在。

（一）《茶经》卷上

《一之源》言茶之本源、植物性状、名字称谓、生长环境、种茶方式及茶饮的功用以及精行俭德之性。开篇第一句"茶者，南方之嘉木也"，既点明了茶树的原产地，又指出了茶树的优良品质，即后文阐发的"茶之为用，味至寒，为饮最宜。精行俭德之人，若热渴、凝闷、脑疼、目涩、四肢烦、百节不舒，聊四五啜，与醍醐、甘露抗衡也。"陆羽也客观地认识到茶叶"采不时，造不精，杂以卉莽，饮之成疾"，以及茶因品种、产地等不同而产生的复杂性。

《二之具》叙述采制茶叶的用具尺寸、质地和用途，其用具多以竹、木、铁、石为之，富有自然生态的意味，如籯，以竹织之；承，以石为之，或者以槐桑木半埋地中。

《三之造》论采制茶叶的适宜季节、时间、天气状况以及对原料鲜叶的选择、制茶的七道工序：采茶、蒸茶、捣茶、拍茶（拍打入模）、焙茶、穿茶，最后封藏。另外，又述及成品茶叶的品质鉴别，特别指出茶叶品质鉴别的难处与态度，"皆言嘉及皆言不嘉者，鉴之上也"，即全面、客观地品鉴茶叶。

唐代蒸青饼茶制作流程（易磊　绘）

《茶经》详细介绍早期蒸青绿茶工艺流程中所需的15种工具的名称、规格和使用方法，总结了采制茶的原则，阐述了茶叶初制工艺和成品饼茶的外形与鉴别。陆羽开创了中国蒸青绿茶规范制造与审评的新时期。

（二）《茶经》卷中

《四之器》记煮饮茶器具的使用，体现着陆羽以"经"命茶的思想，风炉、鍑、夹、漉水囊、碗等器具的材质使用与形制设计，科学、讲究。其中，风炉三足上刻的古文，云："坎上巽下离于中""体均五行去百疾""圣唐灭胡明年铸"，则体现出陆羽五行协谐的和谐思想、入世济世的儒家理想及对社会安定和平的渴望。而陆羽在关注世事的同时，又满怀山林之志，是典型的中国传统人文情怀。在饮茶用"碗"的选择上，注重瓷器的质感与色调相合，并映衬茶汤，使之符合彼时审美的色泽效果。

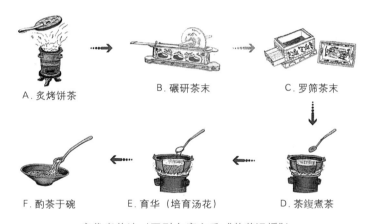

A.炙烤饼茶　　B.碾研茶末　　C.罗筛茶末

F.酌茶于碗　　E.育华（培育汤花）　　D.茶鍑煮茶

唐代煮茶法（图引自廖宝秀《芳茗远播》）

（三）《茶经》卷下

《五之煮》介绍煮茶程序及注意事项，包括炙茶碾茶、宜火薪炭（其火，用炭，次用劲薪）、宜茶之水（其水，用山水上，江水中，井水下）、水沸程度等，从中可见对炭、水、火候的讲究细微精致。同时，汤花之育、坐客碗数、乘热速饮等方面也有要求。

煮茶时要培育汤花，即茶汤上的浮沫。汤花有厚薄，陆羽用自然之物譬喻，如青萍、浮云、青苔、菊英、积雪比拟，变幻中见时人事茶的审美眼光。

"茶性俭，不宜广"，饮茶讲求俭约之道，喝茶的碗数与客数并不对等："坐客数至五，行三碗；至七，行五碗"，即茶客五人，只煮三碗，若七人的话，也只煮五碗，为的是求一碗珍鲜馥烈的茶，即饮茶突破了解渴的需求，上升到对茶汤美的感知。

《六之饮》强调茶饮的历史意义由来已久，区分除了盐不添加任何物料的单纯煮饮法与夹杂许多其他食物淹泡或煮饮的区别，认为杂以葱、姜、枣、橘皮、茱萸、薄荷诸物的茶，为"沟渠间弃水"，强调茶的真香、本味与本色。同时，认为饮茶者只有排除克服饮茶所有的"九难"，即"一曰造，二曰别，三曰器，四曰火，五曰水，六曰炙，七曰末，八曰煮，九曰饮"，才能领略茶饮的奥妙真谛。

《七之事》详列历史人物的饮茶事、茶用、茶药方、茶诗文以及图经等文献对茶事的记载，表现了茶与祭祀、修炼、养生、俭德之间的关系。其中，提到的陆纳、桓温、萧颐等人，以茶为素业，倡导俭德精神。

《八之出》列举当时全国各地的茶产，分为山南、淮南、浙西、剑南、浙东、黔中、江南、岭南等地，可谓足迹遍布中国南方大部分地区，并品第其品质高下。而对不甚了解茶区，如思、播、费、夷、鄂、袁、吉、福、建、韶、象等十一州，则客观地说道"未详"，言"往往得之，其味极佳"，显示了他言必有据的科学态度，极富实证精神。

《九之略》列举在野寺山园、瞰泉临涧等环境下种种可以省略不用的制茶、煮茶、饮茶的用具，体现陆羽的林泉之志以及茶事的灵动旨趣。同时，陆羽也强调"但城邑之中，王公之门，二十四器阙一，则茶废矣"，因为只有完整使用全套茶具，并体味其间包含的思想规范，茶道才能存而不废。

《十之图》讲要用绢素书写《茶经》，张挂在平常可以看得到的地方，营造一种文化氛围，使其内容目击而存、烂熟于胸。

二、《茶经》的价值与影响

《茶经》不仅系统总结了当时的茶叶生产经验，收集了历代的茶叶史料，而且真实记述了陆羽亲身调查和实践的大量第一手材料。尽管《茶经》成书已距今1 200多年，内容受到时代和科学条件的限制，但其主要内容对于现代的茶叶科学，仍有重要的参考借鉴意义。

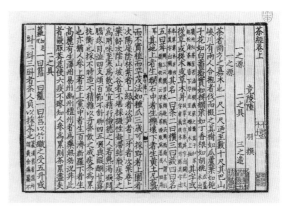

陆羽《茶经》书影，中华再造善本

《茶经》是世界上第一部茶的专著，全面、深入、系统地记载了中国古代发现和利用茶的历史，阐明中国是世界上茶树的原产地，为中国茶道奠定了理论基础。宋代陈师道《茶经序》："夫茶之著书自羽始，其用于世亦自羽始，羽诚有功于茶者也。"当代学者扬之水在《两宋茶事》中写道："饮茶当然不自陆羽始，但自陆羽和陆羽的《茶经》出，茶便有了标格，或曰品位。《茶经》强调的是茶之清与洁，与之相应的，是从采摘、制作直至饮，一应器具的清与洁。"同时，《茶经》亦是与时俱进之作。在中唐，茶已为全国之饮，而陆羽发现茶的生产、加工和品饮仍存在许多不足之处。如栽培方面的"艺而不实"，采制方面的"采不时，造不精"，煎煮方面的"煮之百沸"，啜饮方面的"夏兴冬废"等等。陆羽总结前人的经验教训，结合自己亲身实践，在《茶经》中采取扬长避短的方法，发扬好的传统，指正缺点和不足，使茶从栽培到煮饮等一系列程序规范化、科学化。

整部《茶经》所倡导的精行俭德思想，充满中国古代儒释道诸家的哲学思想和生态智慧，为中国几千年来茶的可持续发展与推广，奠定了深厚的思想文化基础。

第三节

百种茶书　承先启后

历代文人墨客对茶的推崇歌颂从未停止，资料丰富，典籍浩瀚。现存有百余种茶书，详尽地记录了茶事的种种内容，包括茶的种植、采摘、制作、品饮等，也书写了人与茶之间的深刻联结，展示了历代茶文化的特征与茶道精神。它们承先启后，是中国深厚茶文化的载体，展现了中国辉煌茶史的脉络。

唐代，陆羽《茶经》开创茶书之典范，奠基茶的书写体例；另有张又新《煎茶水记》、毛文锡《茶谱》等典籍。宋代，茶书以记载建州的北苑贡茶为主，有蔡襄《茶录》、宋子安《东溪试茶录》、黄儒《品茶要录》、赵佶《大观茶论》、熊蕃《宣和北苑贡茶录》、赵汝砺《北苑别录》等。至明代，茶书大量涌现，或通论茶业之情，或记地域名茶，或以水、器为专题，或汇编茶叶资料，主要有朱权《茶谱》、顾元庆《茶谱》、田艺蘅《煮泉小品》、陈师《茶考》、张源《茶录》、许次纾《茶疏》、程用宾《茶录》、喻政《茶书》、黄龙德《茶说》、万邦宁《茶史》、周高起《洞山岕茶系》、刘源长《茶史》。清代，主要有陆廷灿《续茶经》、程雨亭《整饬皖茶文牍》等。现择录数种重要的茶书，予以介绍。

一、茶录

《茶录》，蔡襄撰。蔡襄（1012—1067）字君谟，兴化仙游（今属福建）人。宋天圣八年（1030）进士。庆历三年（1043）知谏院，直言疏论时事。后出知福州，改福建路转运使。皇祐四年（1052）进知制诰，每除授非当旨，必封还之。至和、嘉祐间，历知开封府、福州、泉州，建万安桥。入为翰林学士、三司使。英宗朝以母老求知杭州。卒谥忠惠。工书法，诗文清妙。有《茶录》《荔枝谱》《蔡忠惠集》。《茶录》成书于宋皇祐年间（1049—1054年），治平元年（1064）刻石，是继陆羽《茶经》之后又一部重要的茶书。全书共两卷，附前后自序。因"陆羽《茶经》不第建安之品，丁谓《茶图》独论采造之本，至于烹试，曾未有闻"，故该书专论烹试之法。《茶录》，上篇论茶，分色、香、味、藏茶、炙茶、碾茶、罗茶、候汤、熁盏、点茶十目，主要论述茶汤质量与烹饮方法；下篇论器，分茶焙、茶笼、砧椎、茶钤、茶碾、茶罗、茶盏、茶匙、汤瓶九目，谈烹茶所用器具。据此，可见宋时饮茶方法与器具的大致情况。

蔡襄《茶录》石刻拓本

二、大观茶论

《大观茶论》，赵佶撰。赵佶（1082—1135），宋神宗子，哲宗弟。绍圣三年（1096）封端王。元符三年（1100）即位，在位二十六年。工书，称"瘦金体"，有《千字文卷》传世。擅画，有《芙蓉锦鸡》等存世。又能诗词，有《宣和宫词》等。《大观茶论》约成书于宋大观元年（1107）。首为序，次分地产、天时、采择、蒸压、制造、鉴辨、白茶、罗碾、盏、筅、瓶、杓、水、点、味、香、色、藏焙、品名、外焙二十目。对于当时蒸青饼茶的产地、采制、点饮、品质等均有详细论述。其中论及采摘之精、制作之工、品第之胜、烹点之妙颇为精辟，"点茶"一篇尤为精彩，详述"七汤"点茶程序，是北宋以来制茶技术与茶文化高度繁荣、发展的一个侧面。

《宣和北苑贡茶录》书影，喻政《茶书》明万历四十一年刻本，南京图书馆藏

三、宣和北苑贡茶录

《宣和北苑贡茶录》，熊蕃撰。熊蕃字茂叔，号独善先生，生卒年不详，建阳（今属福建）人。工吟诗，善属文，以王安石之学为宗。《宣和北苑贡茶录》记述建茶历史，主要介绍了建茶采焙入贡法式，各式茶品迭出，如研膏、腊面、京铤、龙凤、石乳、的乳、白乳、小龙团、密云龙、白茶等。至后出之龙园胜雪、御苑玉芽、瑞云祥龙、太平嘉瑞、大龙、大凤等茶品，更显当时贡茶之"精"。书中有图38幅，可见贡茶之形制，为熊蕃之子熊克在淳熙年间刻刊此书时增入。

四、茶具图赞

《茶具图赞》，审安老人
撰。审安老人，生平不详。
《茶具图赞》成书于宋咸淳五
年（1269）。该书集绘宋代
茶具12件，"锡具姓而系名，
宠以爵，加以号，季宋之弥
文"（朱存理后序），每件各
有赞语，并假以职官名氏，
计有韦鸿胪（茶笼）、木待制

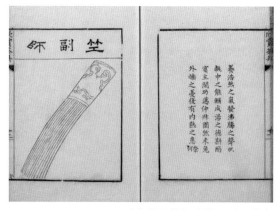

《茶具图赞》书影，明正德本

（木椎）、金法曹（茶碾）、石转运（茶磨）、胡员外（茶瓢）、罗枢密（茶
罗）、宗从事（茶帚）、漆雕秘阁（盏托）、陶宝文（茶盏）、汤提点（汤
瓶）、竺副帅（茶筅）和司职方（茶巾）。此书刻画茶具方式独特，其姓
氏，以见茶具之材质，如木、金、石、胡（葫）等；赞语则引经据典，如
《论语》《孟子》等，在介绍茶具功能的同时，揭示了茶具所蕴含的深刻的
文化内涵。

五、煮泉小品

《煮泉小品》，田艺蘅撰。田艺蘅字子艺，钱塘（今浙江杭州）人。作
诗有才调，博学能文。为人高旷磊落，性放旷不羁，好酒任侠，善为南曲
小令。至老愈豪放，斗酒百篇，人疑为谪仙。有《大明同文集》《留青日
札》《煮泉小品》《老子指玄》及《田子艺集》。《煮泉小品》成书于明嘉
靖三十三年(1554)，汇集历代论茶与水的诗文，并分类归纳为9种水性。
全书分为源泉、石流、清寒、甘香、宜茶、灵水、异泉、江水、井水、诸谈等十节，重点论述严格择水与烹茶的关系。

六、茶疏

《茶疏》，许次纾撰。许次纾（约1549—1604）字然明，号南华，钱塘（今浙江杭州）人。爱好饮茶，有"鸿渐之癖"。《茶疏》成书于明万历二十五年（1597）。《茶疏》分36则，论述产茶、今古制法、采摘、炒茶、岕中制法、收藏、置顿、择水、烹点、饮啜、茶所、饮时等诸多方面。其中，在采制、烹茶、藏茶、鉴茶、饮茶要义等方面，颇有独到之论。"茶所""饮时""宜辍""良友"等章节内容，讲求饮茶空间的意境以及雅致的要求，体现了明代新的茶文化审美。清人厉鹗《东城杂记》评价《茶疏》："深得茗柯至理，与陆羽《茶经》相表里。"

七、岕茶笺

《岕茶笺》，冯可宾撰。冯可宾字正卿，益都（今山东青州）人。明天启二年（1622）进士，官湖州司理。入清隐居不仕。曾辑编《广百川学海》。《岕茶

明代文徵明《品茶图》

笺》成书于明崇祯十五年（1642）前后。分为序岕名、论采茶、论蒸茶、论焙茶、论藏茶、辨真赝、论烹茶、品泉水、论茶具、茶壶、茶宜、禁忌十二则，论述岕茶的产地、采制方法、烹煎之道，十分详实。介于两山之间谓之"岕"。岕茶产于浙江长兴县，为历史名茶。另有《罗岕茶记》《洞山岕茶系》《岕茶别论》《岕茶疏》《岕茶汇钞》等茶书。

八、续茶经

《续茶经》，陆廷灿撰。陆廷灿字扶照，又字幔亭，生卒年不详，江苏嘉定（今属上海）人。师于王士禛、宋荦，工于诗。以岁贡生入仕，清康熙五十六年（1717）任崇安知县。履职崇安期间，以"凡产茶之地、制茶之法业已历代不同，即烹煮器具亦古今多异，故陆羽所述，其书虽古，而其法多不可行于今"，乃续著《茶经》，辑汇了大量茶文献。此外，更有《艺菊志》《南村随笔》等。《续茶经》成书于清雍正十二年（1734），分上、中、下三卷，附录一卷，以陆羽《茶经》体例，分一之源、二之具、三之造、四之器、五之煮、六之饮、七之事、八之出、九之略、十之图。另以历代茶法作为《附录》。陆氏所续，虽多为古书资料辑录，内容丰富，颇切实用，补辑考订，足资参考。

陆廷灿《续茶经》书影，清雍正刻本

第四节

风味德馨　为世所贵

　　历代茶书多达百余种，内容丰富，是中国茶史与茶文化的厚重书写，从中汲取精华，启示当代茶业特别是茶文化建设与发展，可温故而知新。

　　历代茶书记录了中国发现、利用茶的伟大历程。"茶者，南方之嘉木也。"中国人最先探索茶的食用、药用、饮用等价值，在育种栽培、采摘制作等方面，积累了丰富的经验。以茶叶加工为例，陆羽《茶经》、赵汝砺《北苑别录》记录了唐宋的蒸青工艺，明代茶书如《茗笈》《茶疏》《茶说》等记载了炒青工艺，再到见于《续茶经》的发酵茶技术，茶叶制作的技术随着时代的变迁逐步提升，茶品与茶的风味随之丰富。民国以来，吴觉农、陈椽、王泽农、庄晚芳等老一辈茶学家撰写新的茶书，为开创茶学研究的新面貌，构建茶学学科体系，研究与传播传统茶文化，做出了不可磨灭的贡献。新时代，茶树品种得到科学的选育与栽培，茶叶加工的精准化、机械化持续推进，同时，相关茶类的制作工艺被列为国家级或省级非物质文化遗产，乃至列入联合国教科文组织非物质文化遗产名录，彰显国人的匠心与智慧。而今茶叶有了更深入的科学研究，特别是深加工领域，将茶运用于日用品等范围更广的领域，茶的利用价值日益彰显。

　　茶书中处处传承着深刻的茶人和茶道精神。以《茶经》"精行俭德"

始，中国茶道与儒家思想融合，得以进一步发展与丰富。如茶道精神之"和"，源于茶叶的自然品性，韦应物认为茶"洁性不可污"，儒家茶人从中得到启迪，认为饮茶可以"调神和内"，即饮茶能调节精神，和谐内心；唐代裴汶《茶述》指出茶"其性精清，其味浩洁，其用涤烦，其功致和。参百品而不混，越众饮而独高"；赵佶《大观茶论》说茶"擅瓯闽之秀气，钟山川之灵禀，祛襟涤滞，致清导和，则非庸人孺子可得而知矣；冲淡简洁，韵高致静，则非遑遽之时可得而好尚矣"。正因为茶具有中和、恬淡、精清、高雅、自然的品质与属性，人们得以从中寻求心境的平和、生活的雅趣，以获得精神的愉悦与解脱。

宋代大文豪苏轼，四川眉山人，自小在茶文化发源地成长，对茶并不陌生。他种茶、饮茶、惜茶、爱茶，以他的聪明才智与人格精神对茶有着更为深刻的理解，也创作了一系列经典的茶诗词作品，"戏作小诗君勿笑，从来佳茗似佳人"，"雪沫乳花浮午盏，蓼茸蒿笋试春盘。人间有味是清欢"，都是脍炙人口的句子。他尤爱建茶，认为它有君子之风，喜欢它"森然可爱不可慢，骨清肉腻和且正"，将茶与人的品行与道德做了联结，茶道亦在其中。这一点，在苏轼另一茶文学名篇——《叶嘉传》更有突出的体现。《叶嘉传》化用陆羽《茶经》"茶者，南方之嘉木也"一句，以拟人化的手法，塑造了一个"清白可爱，风味恬淡""有济世之才"的人物形象。他到了朝廷，即表示若"可以利生，虽粉身碎骨"，也在所不辞。天子赞誉他"真清白之士也。其气飘然，若浮云矣"，引用《尚书》"启乃心，沃朕心"之语，道出叶嘉可令人洒然而醒。叶嘉在权贵面前勃然吐气，不卑不亢，勇于苦谏，更以"风味德馨"之本色，宣扬茶人应有正直、淡泊名利、刚毅的精神。

苏轼（1037—1101）

吴觉农（1897—1989）

当代茶圣吴觉农，是我国当代著名农学家、茶学家，中国现代茶业科学与经济奠基人。1919年浙江省甲种农业专科学校毕业后赴日本官费留学，进日本农林水产省茶叶试验场研究茶叶。1922年回国后，任教于安徽芜湖农校，次年在上海任中华农学会司库、总干事、《新农业季刊》主编。1935年赴印度、锡兰、印度尼西亚、日本、英国、法国、苏联等国考察国际茶叶市场情况。全面抗日战争开始后，在武汉、重庆任贸易委员会专员兼香港富华贸易公司副总经理，兼办茶叶对外出口贸易，积极推行战时茶叶统购统销，赚取了大量的外汇。1940年，在复旦大学创立我国第一个高等院校茶叶专业系科，兼任系主任、教授，次年又在福建崇安（今武夷山市）设立我国第一所中国茶叶研究所，带领一批茶叶专家钻研茶科学。中华人民共和国成立后，任农业部副部长兼中国茶业公司总经理。主要著有《茶经述评》《中国地方志茶叶历史资料选辑》《茶树原产地考》《中国茶叶问题》《中国茶业复兴计划》等。以吴觉农为代表的老一辈茶人秉承陆羽精行俭德、叶嘉清白可爱之风，推动着中国茶业的发展。

历代茶书为中国茶文化的建设提供了坚实的史料依据。茶有自然与文化的双重属性，它是一张健康名片，茶的健康功效不断被论证与揭示，成为健康饮料之首。它是一张生态名片，为"绿水青山就是金山银山"理念的重要实践。它是一种文化名片，是"一带一路"倡议中软实力输出的重要元素，也是文化自信的重要源泉。如今，茶是造福全人类的共同物质财富和精神财富，在更高层次上影响人们的品质生活。子曰："温故而知新，可以为师矣。"万物变化都是由简而繁，并有其发展规律。以科技与文化推动茶产业的高质量发展，全新、深度解读茶的奥秘，发挥它的经济价值、健康价值与文化价值，仍需要进行更多的工作。

（晋）常璩，1983.华阳国志[M].任乃强，校注.上海：上海古籍出版社.

陈椽，2008.茶业通史[M].2版.北京：中国农业出版社.

陈香白，陈再粦，2004.工夫茶与潮州朱泥壶[M].汕头：汕头大学出版社.

陈宗道，周才琼，童华荣．1999.茶叶化学工程学[M].重庆：西南师范大学出版社.

陈宗懋，杨亚军，2011．中国茶经[M].上海：上海文化出版社.

陈祖梨，朱自振，1981.中国茶叶历史资料选辑[M].北京：中国农业出版社.

董其祥，1983.巴史新考[M].重庆：重庆出版社.

方健，2015．中国茶书全集校正[M].郑州：中州古籍出版社.

冯明珠，1996．近代中英西藏交涉与川藏边情[M].台北：台北故宫博物院.

邰秋燕，尹杰，张金玉，等，2021.茶叶中 γ－氨基丁酸的研究进展[J].中国茶叶，43
（1）：10－16.

韩书力，2003．西藏非常视窗[M].桂林：广西师范大学出版社.

何长辉，叶国盛，2020.武夷茶文献选辑：1939—1943[M].沈阳：沈阳出版社.

〔日〕和田文绪，2019．芳香疗法教科书[M].赵可，译．海口：南海出版社.

侯如燕，宛小春，文汉，2005．茶皂甙的化学结构及生物活性研究进展：综述[J].安徽农
业大学学报，32（3）：369－372.

黄锦枝，黄集斌，吴越，2019．武夷月明：武夷岩茶泰斗姚月明纪念文集[M].昆明：云
南人民出版社.

关剑平，2009．文化传播视野下的茶文化传播[M]．北京：中国农业出版社．

贾大泉，陈一石，1988.四川茶业史[M].成都：巴蜀书社．

〔英〕简·佩蒂格鲁，〔美〕.布鲁斯·理查德森，2022.茶的社会史：茶与商贸、文化和社会的融合[M].蒋文倩，沈周高，张群，译.北京：中国科学技术出版社．

江用文，2011.中国茶产品加工[M].上海：上海科技出版社．

李海琳，成浩，王丽鸳，等，2014.茶叶的药用成分、药理作用及开发应用研究进展[J].安徽农业科学,42(31)：10833−10835，10838．

李家光，陈书谦，2013.蒙山茶文化说史话典[M].北京：中国文史出版社．

李远华，叶国盛，2020.茶录导读[M].北京：中国轻工业出版社．

廖宝秀，2015．芳茗远播：亚洲茶文化[M]．台北：台北故宫博物院．

林语堂，2000.苏东坡传[M].张振玉，译.长沙：湖南少儿出版社．

刘红，田晶，2008.茶皂甙的化学结构及生物活性最新研究进展[J].食品科技（5）：186−190.

刘建福，王文建，黄昆，2018.中国乌龙茶种质资源图鉴[M].厦门：厦门大学出版社．

刘勤晋，1990．名优茶加工技术[M].北京：高等教育出版社．

刘勤晋，1991.四川边茶与藏族茶文化发展初考[M]∥王家扬．茶的历史与文化：1990年杭州国际茶文化研究会论文选．杭州：浙江摄影出版社．

刘勤晋，2006.古道新风：茶马古道文化国际学术研讨会论文集[M].重庆：西南师范大学出版社．

刘勤晋，2007.普洱茶的科学[M].台北：唐人工艺出版社．

刘勤晋，2009.普洱茶鉴赏与冲泡[M].北京：中国轻工业出版社．

刘勤晋，2014.茶文化学[M].3版.北京：中国农业出版社．

刘勤晋，2019.溪谷留香：武夷岩茶香从何来？[M].2版.北京：中国农业出版社．

刘勤晋，李远华，叶国盛，2016.茶经导读[M].北京：中国农业出版社．

刘勤晋，廖澈，1986.茶叶加工技术[M].成都：四川科技出版社．

刘杉，李炜，2020.L−茶氨酸药理作用的研究进展[J].神经药理学报，10(2)：24−28.

刘月新，叶良金，2016.茶多糖的研究进展[J].茶业通报，40（1)：38−43.

（唐）陆羽，2018.茶经译注[M].修订本.宋一明，译注.上海：上海古籍出版社．

〔英〕罗伯特·福钧，2015.两访中国茶乡[M].敖雪岗，译.南京：江苏人民出版社．

〔美〕梅维恒，〔瑞典〕郝也麟，2018.茶的真实历史[M].高文海，译．北京：生活·读书·新知三联书店．

彭林，2016.礼乐文明与中国文化精神[M].北京：中国人民大学出版社.

钱时霖，1989.中国古代茶诗选[M].杭州：浙江古籍出版社.

施兆鹏，1997.茶叶加工学[M].北京：中国农业出版社.

滕军，1994.日本茶道文化概论[M].北京：东方出版社.

宛晓春，2014.茶叶生物化学[M].3版.北京：中国农业出版社.

汪东风，张阳春，1994.粗老茶中的多糖含量及其保健作用[J].茶叶科学，14(1)：73-74.

王宪楷，1988.天然药物化学[M].北京：人民卫生出版社.

〔美〕威廉·乌克斯，2011.茶叶全书[M].侬佳，等，译.北京：东方出版社.

吴觉农，2005.茶经述评[M].2版.北京：中国农业出版社.

向斯，2012.心清一碗茶：皇帝品茶[M].北京：故宫出版社.

肖荣，裴览耕，1994.四川省对外贸易志[M].成都：四川省茶叶进出口公司.

邢肃芝口述，杨念群、张健飞笔述，2003.雪域求法记[M].北京：生活·读书·新知三联书店.

许嘉璐，2016.中国茶文献集成[M].北京：文物出版社.

扬之水，2015.两宋茶事[M].北京：人民美术出版社.

杨月欣，王光亚，潘兴昌，2002.中国食物成分表[M].北京：北京大学医学出版社.

姚国坤，朱红缨，姚作为，2003.饮茶习俗[M].北京：中国农业出版社.

叶盛，2022.武夷茶文献辑校[M].福州：福建教育出版社.

叶乃兴，2021.茶学概论[M].2版.北京：中国农业出版社.

于乃昌，1999.西藏审美文化[M].拉萨：西藏人民出版社.

余悦，2008.事茶淳俗[M].上海：上海人民出版社.

章建浩，2000.食品包装大全[M].北京：中国轻工业出版社.

郑培凯，朱自振.2014.中国历代茶书汇编校注本[M].香港：商务印书馆.

周国富，2018.世界茶文化大全[M].北京：中国农业出版社.

〔日〕中林敏郎，伊奈和夫，坂田完三，等，1991.绿茶·红茶·乌龙茶化学机械能[M].日本：弘学出版社.

　　"窗外腊梅生暗香，池畔朱砂又怒放。"大寒过后，晨起仍有手足发僵之感，但忍不住又习惯性拿起了笔。虽然现实中大家书写都不用笔了，但对拼音输入法一窍不通的我，仍然乐此不疲。

　　《学茶入门》于岁末终于杀青，但心里有些话仍如鲠在喉：改革开放40多年来，我国茶产业已有快速发展。茶园面积、茶叶产量均跃居世界第一，人均茶叶消费超过世界水平，国内兴办茶学专业的高校已达70余所，茶文化影响力也走向世界，但茶科学、茶文化的普及仍为短板。例如：茶是中国人的"第五大发明"，有多少人知道？茶是中华文明的"文化基因"，多少国人清楚？茶是低碳水时代新型"功能食品"，大家是否了解？品茗是新时代人际交往最佳方式，又应如何践行？

　　因此，如何把更多茶科学、茶文化知识奉献给广大读者，尤其新成长的90后、00后等年轻读者，是我等老一代茶人义不容辞的责任。

　　随着茶科学、茶文化在大众中的普及，希望茶这种健康饮料真正成为全民之饮。让我们用双手迎接茶叶科学又一个春天的到来，把那些"金融茶""期货茶""阴阳茶"通通倒进阴沟里吧！

　　本书编写中得到川茶集团、福建溪谷留香茶业有限公司、重庆金山湖农业开发有限公司、成都嘉木光波农机有限公司等单位的大力支持！四川农业大学唐茜教授、重庆西农茶叶有限公司刘波老师等提供宝贵图片！刘波长期从事茶邮收集，许多重要茶史事件重现于方寸之间，本书特予重现。研究生霍家康、钟雨含协助图文输入，我的家人也给予极大的鼓励和支持，使本书早日与大家见面，在此一并申谢！

刘勤晋

辛丑岁末于重庆北碚

图书在版编目（CIP）数据

学茶入门/刘勤晋，周才琼，叶国盛著．—北京：
中国农业出版社，2023.2
ISBN 978-7-109-30320-1

Ⅰ.①学…　Ⅱ.①刘…②周…③叶…　Ⅲ.①茶文化
-中国　Ⅳ.①TS971.21

中国国家版本馆CIP数据核字（2023）第002473号

学茶入门
XUECHA RUMEN

中国农业出版社出版
地址：北京市朝阳区麦子店街18号楼
邮编：100125
责任编辑：孙鸣凤
版式设计：杨　婧　责任校对：刘丽香　责任印制：王　宏
印刷：鸿博昊天科技有限公司
版次：2023年2月第1版
印次：2023年2月北京第1次印刷
发行：新华书店北京发行所
开本：700mm×1000mm　1/16
印张：15.5
字数：215千字
定价：98.00元